金商道

The positive thinker sees the invisible, feels the intangible, and achieves the impossible.

惟正向思考者，能察於未見，感於無形，達於人所不能。 —— 佚名

完美服務的39堂課

前迪士尼副總裁教你打造優質團隊、體貼服務人才，超乎顧客期待

THE CUSTOMER RULES

The 39 Essential Rules for Delivering Sensational Service

Lee Cockerell

前華特迪士尼世界營運執行副總裁

李・科克雷爾——著

靳婷婷——譯

獻給普莉西亞（Priscilla）

—推薦文1—

完美服務讓你成為更好的人

文—劉冠吟

在讀《完美服務的39堂課》之前，我已去過迪士尼樂園三次，一次美國，一次日本，還有一次香港。就像大家印象中所及，迪士尼樂園是一個顧客回頭率爆棚、去過一次還想再去的地方。我去的這三家迪士尼樂園，位處於民情、氣候都截然不同的地方，卻可以創造出相同又相異的感動回憶。

到底，迪士尼樂園如何打造出跨越經緯度的高品質服務呢？

本書提供了三十九堂不同角度的完美服務心法，讓讀者可以用簡便易懂的方式，迅速吸收前迪士尼執行副總裁李・科克雷爾超過四十年的服務業精華。一開始我以為科克雷爾會用教條方式，羅列出服務業該遵守的種種事項，**但是我越讀下去，越發現這是一本超越管理的書，它不只是一本管理者該讀的書，它是一本講述**

生命的書；經由科克雷爾不藏私地分享，你會閱讀到一個對工作有熱忱的人，如何看待他的伴侶、家人及整個世界。

其實，每個人都是服務業

有些人以為「服務業就是卑躬屈膝」的刻板印象，也有人認為「服務業就是打雜」。在本書第十三堂課「做好基本功」裡，科克雷爾用哲學方法回答了上述迷思，他說：「殷勤款待（hospitality）一詞寫成希臘文是『philoxenia』，意為『對陌生人的愛』。為家人朋友尤其是陌生人提供一份溫暖。古希臘人認為，熱情款待陌生人可以取悅眾神。我是不知道眾神會怎麼想啦，但我可以向你保證，真情款待絕對會讓你的客戶龍心大悅。」

這段話讓我很感動。對於科克雷爾來說，服務業所付出的愛，對於世界是一種雖然微小但有效的善的循環。這種哲學貫穿了他的行為模式，雖然客戶代表的是「錢」，但如何應對客戶、面對挫折，卻是你個人生命的課題。在他心中，沒有一種工作不需要應對客戶，最離群索居的人也有必須回應的對象，「你不一定要搶在人前，但你要做出屬於自己最好的程度。」

在我們的店《小日子商号》裡面，清一色都是年輕員工。現在七間店裡年紀最長的總店長今年剛滿三十歲，其他店長平均年齡在二十五歲至二十七歲之間。業績最好、人流最凶猛的店，該店店長是一位剛從大學畢業的超級菜鳥。通常一般中小企業裡，這麼重要的店不會放給年紀這麼小的人來帶領。

然而，這位年輕店長從大學就在店裡當工讀生，一畢業就留下來當正職，這樣的例子在我們店裡比比皆是。工讀生主動表達想要留下來晉升成正職，代表這個工作環境讓他快樂，也有所成長，這是我在《小日子》雜誌從媒體轉型開店以後，非常引以為傲的一件事。

一流的人看得到未來的自己

雖然，這群年輕店長每個人身上背的業績個個都是驚人的數字，但是我對他們並沒有太嚴苛的期待。我常常在開會時說：「**二流的店長只看得到眼前的客人，跟眼前的自己，一流的店長看得到未來的客人，跟未來的自己。**」

這跟科克雷爾先生在書中提到的一點精神不謀而合：「隨時展現專業形象」。「或許工作對現在的你來說，只是暫時棲身，一邊支應生活開銷，一邊等待運氣降臨，但無論如何，請隨時展現專業。」「成功人士都明白，追求卓越的精神是可以轉移的，也就是說如果他們看到你在某個領域力求精進，便能知道你在其他領域也會用同樣的態度做事。」

這個時候，真正屬於你的機會跟運氣就來了。

將員工送到離家最近的地方工作

《小日子商号》現在全台有七間店。其中，中南部的三間店，都是由原本北漂的店長回家開設。這個想法最早從台南神農店開始，一向擅長在北部發展的小日子，跨出舒適區以後，要如何延續品牌文化跟品牌特色？一直是我在考慮的問題。後來我轉念一想，品牌在踏出新的一步時，大部分都是以經營者的考慮為優先，但那些跟著我已經一段時間的店長們呢？他們心裡是怎麼想的？

科克雷爾在第三十堂課提到的「你希望員工如何對待客戶，你就要如何對待員工」，渴望被重視、渴望得到真誠的人際交流，這是永恆不變的人性。我很喜歡店裡的每一位同仁，也希望他們在生活跟工作上都是快樂的，這個想法開啟了往後小日子拓展新店點的思維選擇。如果有想要返鄉工作的店長，他的故鄉將是小日子在拓點時的第一優先；沒有人喜歡離鄉背井工作，如果可以，我們都盡其所能地將店長們送回離他們家最近的地方，台南店如此，台中店如此，甚至大家意想不到的南投店，都是這個模式。

科克雷爾還說：「如果你能讓員工感覺受到重視，他們就會長出更多的自尊跟自信，而這些積極的心態，便是高績效的原動力。」這些返鄉店長們顧店的細緻程度彷彿在照顧自己的家，因為他們真的回到家了！不用為了離家工作而擠在小小的租屋處。無論是返鄉還是在台北工作，我們給的薪資水平都一樣。這是小日子一直盡力為同仁做的，我希望他們知道我喜歡他們、真心期盼他們跟我在一起的每一段工作時間，都是真誠且愉快的。

所以我覺得，這不僅是一本管理學上的書，也是一本講述生命態度、非常溫暖的書。**生而為人，總是有種種困難，工作也常常令人喪氣，但調整格局跟心態，不**

僅會變成一個更優秀的服務業從業人員，也會漸漸地變成一個對自己跟對別人都更好的人。

（本文作者為《小日子》雜誌發行人）

推薦文2

用「完美服務」綁架客戶

文—吳家德

此刻，看完這本好書《完美服務的39堂課》是在台東的某家民宿。這家民宿位於台東偏鄉的山上，人煙稀少，極度隱蔽，若不是拜網路科技發達，我絕對不會知道這個宛如世外桃源的好地方。更好玩的是，當我十年前知道這家民宿，且住過一晚之後，我竟然年年都到這家鳥不生蛋的民宿度假。原因是什麼呢？

答案是：這家民宿用「完美服務」綁架客戶。

怎麼說呢？十年前第一次入住時，民宿主人非常地熱情招呼我。當時，我就覺得這對經營民宿的夫妻檔，把每位入住的遊客都當成自己家人。不論在餐桌上，還是客廳裡，都會和房客說故事，聊人生。每次造訪都讓我有一種回家的熟悉感。

再來，民宿主人打造一個軟、硬體設備皆優的環境與條件。房間乾淨明亮、餐食豐富營養、客廳有書有茶。若要外出走走，他們也會主動告知附近有哪些觀光地點可以去，有哪些私房景點可以探險。民宿主人宛如化身導遊領隊，讓你能夠安心從容地度假。

打從訂房開始，這趟旅行就算展開了。舉凡交通方式，外出餐廳選擇，房間備品，各項聯繫管道，民宿主人都非常用心規畫。無非就是希望讓旅客感受到回家度假的心情。簡言之，這是整套的完整SOP，而非虎頭蛇尾的虛晃一招而已。

最後，當你每次度假都能保有好心情，也擁有好回憶的話，再度上門住宿也就不足為奇了。而將滿意度轉化成忠誠度，做到完美服務才是企業經營的終極之道。因為沒有營收與利潤的公司，將會很難繼續生存下去。

帶來幸福的完美服務

再來說說我對完美服務的四大定義：

第一，親切感：把客戶當成家人看待。（與〈30：對待顧客如同對待親人〉雷

同）

第二，專業化：讓客戶有安心的感覺。（與〈15：隨時展現專業形象〉雷同）

第三，完整性：注重細節的所有過程。（與〈26：盯好每一個細節〉雷同）

第四，忠誠度：讓新舊客戶不斷上門。（與〈24：超越顧客的期待〉雷同）

而我對完美服務的見解與看法，幾乎與本書作者科克雷爾的觀點一模一樣。（見上述標楷體字）讀完此書後我得到兩個心得：第一，卓越的公司或組織一定要把「客戶服務」打造成企業文化底蘊的一環，才能長治久安，永續經營。第二，不論是因為工作而學會完美服務，抑或本身人格特質就有完美服務基因，他們一定會過得比其他人幸福。

因為「施比受更有福」，而這個「施」就是——完美服務！

完美服務的實務派

然而，前迪士尼執行副總裁科克雷爾就是「實務派」的完美服務專家。書中各個篇章的內容，與我的工作有極大的共鳴。我待過飯店業，知道「以客為尊」的服務態度是打造一流品質的口碑；也待過金融業，了解「專業導向」的服務精神是讓業績長紅的關鍵要素。現在我在飲料業服務，明白「團隊合作」的服務美學就是「讓客戶忘不了你」的企業文化。

如果你是主管，這本書的服務架構，可以讓你訓練夥伴；如果你是員工，這本書的服務觀點，可以幫助你學習成長；如果你是老闆，這本書的服務精髓，可以讓你的公司更有人情味。

我常說，世界上的每個人都需要受到好服務的對待。但在被服務之前，若也能上完這三十九堂完美服務課，那他的人生必定幸福！

（本文作者為迷客夏副總經理）

—推薦文3—

打造成功企業的39堂必修課程

文—**李靖文**

儘管科技不斷演進，在全世界都帶來加速度的變化，有些企業能靠著商品的技術優化或獨特性帶來巨大成功，儘管如此卻也因為容易被競爭對手追趕上或被模仿，這些成功的產品生命週期因此而大大縮短了。

一旦市場上同類型、高品質產品越來越多時，決勝的關鍵點往往在於成功的「顧客關係」。誠如本書前言提到的，史蒂芬・丹寧（Stephen Denning）將當今社會稱為「消費者資本主義時代」（the Age of Customer Capitalism），市場交易的天平已經從賣方轉向買方。因此，企業若能打造出優質的企業服務文化，就能取得邁向成功的關鍵！

無論時代怎樣變化，企業的決勝點還是「**優質服務與成功的顧客關係**」。

系統化建構完美服務心法

閱讀了不少談論完美服務相關書籍，但只有看完本書為之驚艷。一般論及優質服務的書，較少提到打造組織與團隊的心法、內省力與洞察力（insight）；就像一般人在欣賞一棟建築時，僅止於讚嘆建築外觀很美、室內裝潢設計得漂亮；但這本書以輕鬆易懂的方式引導讀者思考完美服務的管理系統，討論系統的建構跟方法。就算不是建築與室內設計專家，也能夠藉由本書更深入了解：不同的結構跟材料，所能帶來的不同效果。

管理者、第一線服務人員、各行各業都適讀

前迪士尼執行副總裁科克雷爾將他多年在服務業工作的精髓，融會貫通成為三十九條簡單易行的基本心法，有效幫助企業各層級執行單位提升服務品質。我在此真心推薦此書，無論你是最高層管理者或是直接面對消費者、客戶的前臺服務人員，都需要閱讀此書。而且內容不僅適用於客服代表，各行各業的人都可以參考。

如果您是管理者，強烈建議您閱讀「PART A：打造優質團隊」這部分，

相信將會帶給您不一樣的想法。我在本書的以下四篇文章得到重要啟發，在此與您們分享：

★〈2：重力法則：由上而下的客服文化〉

★〈4：摸清組織生態再行動〉

★〈8：像蜜蜂一樣傳播好想法〉

★〈9：別怕偷學，大膽借用好點子〉

最後，摘錄於我心有戚戚焉的文字與大家分享，這也是我與台南晶英酒店團隊共勉的完美服務心法：

★「成功企業之所以能夠鶴立雞群，全靠以正確的方式追求『不同』」。

★「沒有最好，只有更好。『更好』並不是目的，而是一場旅程。『更好』永遠是不可觸及的，永遠在前方，因為在服務顧客的路上，永遠都有更好的方式等著你去發掘。」

（本文作者為台南晶英酒店總經理）

—中文版序—

激烈競爭之下的存亡關鍵

當前這個時代，世界變得越來越小，消費者購買產品和服務的選擇越來越多，「客戶體驗」因而變得越發重要。隨著科技不斷進步，尤其是網路的日益發展，這一趨勢將持續白熱化。

每天都有越來越多消費者，透過網路購買商品，電話客服中心以及公司網站成了很多企業的「門面」。在這種情況下，公司到底會蒸蒸日上，還是掙扎於存亡邊緣，就要靠加強客戶服務、提升客戶體驗來決定了。

建議讀者在讀完每一章之後，能擷取出一、兩個好觀點或想法，應用在自己的企業，為公司打造以客戶為中心、卓越、真誠、服務至上的企業形象，這樣才能培養出無比忠誠的客戶，讓客戶只想跟你們打交道。

李・科克雷爾

前迪士尼世界（Walt Disney World® Resort）營運執行副總裁

—前言—
對人好一點

前不久，我們在家辦了一場家族聚會，大人圍繞著客服品質良莠不齊的幾家企業聊了起來。出於好奇，我問年僅十二歲的孫女瑪格（Margot）：「妳認為優質客服最重要的原則是什麼？」她不假思索地答道：「當然是對人好一點（Be nice）啦！」

這話竟出自奶娃之口！我幾乎窮盡畢生心力，思考客服問題。十幾歲時，我在雜貨店當店員，後來在奧克拉荷馬州（Oklahoma）一個小鎮的木材工廠做工；退休時，我是華特迪士尼世界的營運執行副總裁，手下有四萬名員工，還要管理配有三萬多間客房的度假酒店、四座主題公園、兩家水上樂園、五家高爾夫球場、一座休閒購物城、一棟夜間娛樂綜合大廈、一家運動休閒中心，以及種種事務。在職業生涯中，我做過部隊廚師、宴會招待、食品飲料管控員、希爾頓酒店（Hilton Hotel）（包括華爾道夫飯店〔Waldorf-Astoria〕）餐飲總監、萬豪酒店（Marriott）餐廳總監和總經理，以及迪士尼公司在巴黎（Paris）和奧蘭多（Orlando）分部的高級總裁。

在服務業打拚四十多年，我在客戶體驗方面不斷精益求精，從實務操作、出色的同事和導師之處累積很多寶貴經驗，但像瑪格一樣能用一句話就把客戶體驗的精髓一語道破的，還是前所未有。

「對人好一點」真是一語中的。字典上關於「和氣」一詞的解釋是：友好、禮貌、親切、誠懇、和善、體貼、有教養、優雅、圓融等。和人做生意，誰不想身邊都是這種人？瑪格用的第一個詞「對人」，也是意味深長的。我細細品味瑪格一針見血的回答，突然意識到：**原來優質服務不僅僅指我們所做的事（what we do），更是我們內心的一種狀態（what we are）**。你或許擁有全球一流的政策、流程以及培訓體系，但如果執行人員不具備相應的素質，那麼一切都是枉然。請不要誤會，你做了什麼當然也很重要。本書的許多客服心法，其實談的就是做什麼和怎麼做。但是，在做什麼之前，我們應當先知道自己是什麼，這包括了**態度、個性和行為舉止等因素，而這些因素正是客戶服務能否博得人心的關鍵**。我們的銷售顧問莉茲．塔希爾（Liz Tahir）說：「**客服人員的品質，決定了客服的品質。**」本書會深入探討「做什麼」和「是什麼」這兩個優質客服的構成要素。

現在，假設你是顧客，與你打交道的工作人員十足幹練，交易過程高效而完美，但態度卻不大友善，不但冷漠、趾高氣揚，還明顯表現出急著下班的樣子。反之，如果與你打交道的工作人員雖然做事水準一般，甚至出現失誤，但他不但坦誠道歉，及時彌補了失誤，還彬彬有禮，並衷心以為顧客提供服務為樂。那麼，你更願意去哪家店呢？

本書不僅與我的第一本書《落實常識就能帶人：迪士尼企業提升夢幻績效的10種領導力》（*Creating Magic: 10 Common Sense Leadership Strategies From a Life at Disney*）相得益彰，也是後者的續篇。《落實常識就能帶人》一書主要針對有雄心壯志的領導者寫的，而**本書的讀者則涵蓋所有人——從最高層管理者到直接面對消費者或客**

戶的前臺服務人員。本書不僅客服代表適用，也適合銷售、服務、技術支援及維修人員、辦公室職員、驗票員、送貨員、清潔人員，甚至銀行家、律師、教師、醫生、護士以及各行各業的人都可以參考。在《落實常識就能帶人》一書中，我的重點在於告訴大家，無論職位高低，每個人都可以發揮領導力。但是，只有在至少有一個人可以聽從你指揮的前提下，領導力才能發揮作用。**本書所要闡述的，是做為企業的一分子，無論是面對面或透過電話與客戶溝通，還是坐在經理辦公室跟客戶打交道，每一個人都有能力、也有責任對客戶提供服務。**

我最終想要傳遞給讀者的是：無論職務和頭銜是什麼，都應該始終如一地，用嚴謹而真誠的態度、富有創意的方法對待客戶，不僅使顧客時常光顧，還要讓顧客迫不及待推薦給朋友、家人以及同事。我從一個前臺服務人員做起，一路晉升到以優質客服享譽全球的公司擔任高級總裁，經歷了無數日常客服中的成功和失敗案例，因此，本書可說是我多年工作的精髓，融會成三十九條簡單易行的基本心法，有助於企業中各層單位提升服務品質。**如果你的工作需要與客戶面對面，可以從中學到如何提供優質服務，成為老闆眼中不可或缺的人才。如果你是管理者或經營**

者，可以學會制定出顧客導向的政策和流程，並能夠雇用、培養和訓練優秀員工，為團隊或企業贏得你所期待、能提升收益的最寶貴資產：一流客戶服務的美譽。

無論企業規模大小、公營還是私營、營利性還是非營利性機構，這些心法都適用；適用於迪士尼和萬豪酒店這類跨國企業，也對在地零售商店和網路商店同樣有效。無論你經營的是平板電腦之類的高科技產品，或像醫療保險一樣複雜，還是鞋子和咖啡這類日常雜貨，這些心法都派得上用場。我將每條心法設為一章，篇幅短小精要。讀者用一、兩分鐘就能讀完一章，馬上就可以付諸實踐。

企業領導者所做的一切，歸根究柢都是為客戶服務，這是商界的鐵則。根據企業最近的發展趨勢來看，在未來，客戶服務會更加關鍵性決定企業成功與否。競爭激烈如此，企業想贏得顧客，單靠優質產品、精良技術、高效經營流程以及實惠的銷售價格，恐怕不夠。企業還應該透過真誠的、面對面的溝通，和顧客建立真正連結，讓客戶得到物質和精神上的雙重滿足。《領導者的基本管理指南》（*The Leader's Guide to Radical Management*）一書作者史蒂芬．丹寧（Stephen Denning）寫道：「全球化競爭的出現，消費者可以透過多種管道獲取可靠資訊，並透過社群媒體管道彼此連結溝通，消費者於是成為市場的掌控者。這種轉變迫使企業必須在客戶服務上投入更多心力，調動所有人力物力，在更短的時間內為消費者帶來更多的價值。」

丹寧將當今社會稱為「消費者資本主義時代」（the Age of Customer Capitalism），此話言之成理。市場交易的天平已從賣方轉向買方。因此，本書的英文名「The Customer Rules」其實是有雙關意思的。客戶永遠是上帝，企業要想贏得客戶、留住客戶、把忠實客戶轉變為企業支持者和鐵粉，必須遵循一定的原則。這可不是老生常談的門面話，**客戶是企業收入和獲利的唯一來源，沒有客戶，你所服務的企業就會破產，而你也飯碗不保。如果能按照客戶服務的法則行事，客服品質和最終效益都將因此提升**，這個道理，連我十二歲的孫女都懂。

目錄

完美服務的
39堂課

PART A

打造優質團隊

PART B

扎實基本功

PART C

追求卓越

PART D

真心相待

PART

A

打造優質團隊

一位懂得選才育才的管理者，能教導整個團隊擁有正確觀念、傳承實務經驗，打造出讓顧客感動的好公司！

| 1 |

人人都是客服經理

Customer Service Is Not a Department

優質客服並不比平庸或劣質客服的成本高，
但是優質客服帶來的回報卻高得多。
企業應將「客服」這個項目寫進每位員工的職務說明書。

在商界打滾闖蕩四十多年，我最深切的體悟就是：客戶服務的涵義，遠遠要比「客服部門」這個名稱深遠，也絕非單指消費者或客戶在遇到問題時可以投訴的服務櫃檯。客戶服務不能只是一個網站或一支熱線電話，也不是電話語音功能裡的一個選項。**客戶服務不是一種任務，更不是苦差事，而是一份人對人的責任**。這份責任，不僅由客服代表承擔，企業的每位成員都責無旁貸。上至執行長，下至每天與客戶接觸的新進員工和職位最低的菜鳥，都可能與客服息息相關；

每個人都應該被視為客服代表，因為每位員工或多或少都有一定程度影響客戶的體驗，所以也應該承擔一定的責任。即使你從來不曾與客戶或潛在客戶接觸，你仍然須待人以真誠和尊重，無論他們是經銷商、債權人還是供應商。如果你能為這些人提供滿意的服務，最終必將惠及客戶。

「**高品質的服務是做生意的基本底線。**」這句話聽來簡單，我卻多次遇到對此不屑一顧的高階主管。他們總是說：「我做的是商品生意，提供優質商品才是王道。」我告訴他們，**確保商品品質是天經地義的事，即使是世界上最棒的客戶服務，也無法彌補劣質商品造成的缺失。**但我還告訴他們，除非他們的產品擁有無可取代的地位（而且永遠保持這個地位），否則只憑優秀的品質不可能保證企業長期獲利。客戶服務是傑出企業在競爭者中脫穎而出的法寶，這種案例在市場上比比皆是。說得明白點，無論從事哪個行業，你的身邊總是至少有一家、甚至成千上萬個競爭者，在市場上提供大同小異的產品或服務。如果能在現有商品外，加上為客戶提供將心比心的服務，你就擁有勝人一籌的優勢。無論什麼行業，只要你的客服做得到位，就能為你帶來「四兩撥千斤」的神奇效果。如此低投入、高回報的好機會，豈能視若無睹？在一項調查中，要求受訪者列出與企業解除合作關係的理由，結果有四三％的受訪者將「與對方員工發生摩擦」列為主要原因；另有三成受訪者則回答，他們覺得自己不受重視，選擇掉頭離開。

我要強調的是，絕大多數人都認為高品質產品與服務是天經地義的事，是最基本的要求。但如果能在提供優質產品和服務的基礎上，同時為客戶提供超出期待的服務，你就會所向披靡，讓競爭者難望其項背。切記，你對客戶所銷售的服務，與「客戶服務」是兩碼子事，不要混淆了。客戶為了你所提供的服務而找上你、付你錢，而「客戶服務」則涵蓋客戶體驗的各種層面；從客戶登入企業網站或邁進公司大門的那一刻起，直到客戶下線或離開公司這段期間，都在體驗客戶服務。客戶服務勾串了情感因素與金錢交易，有些眼裡只有錢的人，對這些情感因素往往嗤之以鼻，但以我在世界多家高獲利水準的公司數十年的經驗，**情感因素比交易過程中的金錢更重要**。我們不僅要把商業中的情感因素經營到位，而且要做到至美、至善、至誠。

有些管理者視客服理念如敝屣，認為客服是小角色，難登企業「大雅之堂」。

自認為肩負企業決策大任，受各種經營指標和競爭者左右夾擊，哪有精力關注客服呢？對這種管理者而言，研發新產品、製作吸引眼球的廣告、開展新科技和新市場這些事情才夠炫，才能讓他們熱力四射。在這些人看來，「客戶服務」只不過是個部門罷了，將客服工作交給溝通技巧好的員工去做就行了。真是大錯特錯！

企業中的每一位成員，都應該把自己當成客服部門的一分子。我還在迪士尼世界負責營運工作時，**我們將第一線管理者的頭銜改成「遊客服務經理」**，要求他們走出辦公室，將八〇％工作時間都用在現場工作，為部屬直接提供客服方面的支持和幫助。這制度一上路，遊客滿意度立刻明顯攀升。

因此，無論你是執行長、中階主管，還是某個部門的負責人，都應該想盡辦法，讓團隊成員和你一起提供令客戶滿意的服務。

優質客服並不比平庸或劣質客服的成本高，但是優質客服帶來的回報要高得多。企業應將「客服」這個項目寫進每位員工的職務說明書，做為整個企業的指路明燈，集合企業上下的力量，全力打造優質客服。

2

重力法則：由上而下的客服文化

Great Service Follow the Law of Gravity

如果你看到一家企業提供給客戶美好的服務，
那麼十之八九是因為他們的高層管理者在企業策略中，
將客戶服務擺在非常重要的位置。

這是一條淺顯易懂的自然法則：客服的道德觀念源自於企業高層，然後逐漸向下滲透至公司裡的每個層級。這個過程可不是緩緩擴散的，客服觀念的下滲又快又猛，比起水龍頭的水，更像是瀑布般傾瀉而下。

無論是一家小鎮咖啡館，還是全球連鎖的速食店；無論是小小的金融機構，還是跨國銀行；無論是鄉下診所，還是大都市裡的大醫院——如果你看到這家機構提供給客戶美好的服務，那麼十之八九是因為他們的高層管理者在企業策略中，將客戶服務擺在非常重要的位置。這些領導者需要有效建立流程，合理分配必要的資源，設定優先順序，並營造出適宜的企業氛圍。在與客戶、供應商、同事、員工以及每一個對公司有影響的人互動時，出色的領導者還不忘以身作則，他們用每一句話、每一個動作以及每一次溝通，向大家展現打造優質客服的態度。

客服品質低劣的企業，往往也是讓客戶怨聲載道的企業。就我的經驗，這些企業的領導者很少在經營中秉持「以人為本」的理念。在做生意時，他們把全部精力都放在產品、銷售、行銷上。的確，這些都是商場上必不可少的要素，但在當今社會，企業單憑這些是無法取得長久勝利的。管理者要認知到，若想長期獲利，必須提供始終如一的高品質客服，以此招攬客戶回頭，贏得客戶的良好口碑。

我曾效力於三家憑藉一流客服而贏取豐厚收益的企業，分別是希爾頓酒店、萬豪酒店以及迪士尼公司。在這三家企業中，客服理念都由最高層領導者由上而下滲透到企業的每個角落。舉例來說，當迪士尼公司的主題公園及度假村負責人賈德森·格林（Judson Green）決定推動企業文化變革時，他在奧蘭多召集七千名管理幹部，面對面把自己對改革的期望，詳細傳達給大家。接著，格林在美國加州、法國和日本迪士尼世界的員工面前，進行同樣的演講。格林改革計畫的主要設計和執行工作正是由我負責，我可以告訴大家，我和他以及每一位領導者全部身心投入的態度，在整個改革推動階段，影響了參與其中的每一個人。我們循序漸進告訴每一位成員，迪士尼高水準的公園以及在休閒娛樂界廣為人知的盛名，並不代表可以高枕無憂。我們的遊客需要得到最尊貴的待遇，而我們為遊客帶來的這種心理上的滿足，也成了迪士尼世界的品牌特色之一。

無論你的職務和頭銜是什麼，你或許沒意識到，自己對部門或團隊的客服理念能產生多大影響力。客服的重力法則的確始於高層，但是對個人而言，你永遠處在所謂的高層：如果從每天上午開始工作時就把客服品質放在心上，那麼你的行為榜樣和態度便會感染同儕和部屬，其力量之迅速，連你自己也會始料未及。

切記：**榜樣是最好的老師**，你的一舉一動都逃不過他人目光。

幾年前，我曾經讀過一本叫《大膽領導》（*Leading Out Loud*）的書，收穫良多。這本書說的是，**卓越的領導者講話時擲地有聲，他們不僅只是設定重點目標，還告訴員工如何達成目標**。這其實和培養子女沒什麼兩樣。天下父母都知道，為了讓孩子理解並遵守正確價值觀、做出合宜的行為舉止、擁有適當的社交技巧，父母必須用擲地有聲的話語一遍又一遍地教育孩子才行。

無論是教導孩子尊己愛人，還是激勵員工和同事誠心誠意服務客戶，你都得大膽做出表率。你自己、你的團隊、你的客戶以及與公司盈虧息息相關的每一個人，都會因此在雙贏的狀況下受益。

3

向媽媽學管理

Ask Yourself, "What Would Mom Do?"

媽媽教給我的其中一件事是：
讓每一位客戶都感到舒適自在，而且能感受到你的熱情。

總有一天，我要寫一本題為「向媽媽學管理」的書。在我的職業生涯中，我時常問自己，如果我是我媽媽，她會如何處理眼前的事？雖然我在一生中遇到不少偉大的導師，但媽媽卻是造就我最重要的人。她告訴我，想要成功，必須比別人付出更多努力。我來自奧克拉荷馬州的巴特斯維爾（Bartlesville），原本是一名阮囊羞澀的大學輟學生，如今卻躋身飯店服務業的最高層主管，簡直可以稱得上是奇蹟。

媽媽如果從商，會是一個什麼

樣的管理者？我無從臆測。但是我知道，媽媽在將我和哥哥撫養成人的過程中，一直將「**永遠做正確的事**」奉為圭臬，而這一理念，也是所有領導者應該遵循的。在一步步晉升的過程中，我總是盡最大努力去符合這一簡單的標準，還加上另一項自我要求：不要做任何不敢讓媽媽知道的事。我強烈建議各位讀者以及每一位需要為客戶提供服務的人，都能夠抱持同樣的理念。

媽媽教給我的另一件事是：**讓每一位客戶都感到舒適自在，而且能感受到你的熱情**。回想一下，小時候，媽媽不是教育我們要有禮貌接待家裡的每一位客人和每一位新搬到附近的小朋友嗎？媽媽都希望孩子既出類拔萃，又具有團隊精神。客戶服務就是一項團隊合作的工作，就像媽媽教育我們在團體遊戲中要合群一樣，你必須凝聚每一位員工。你可以分享個人祕訣，幫助員工提升技能；激勵同事，協助修正錯誤，並在大家做出成績時表達讚賞。如果員工的表現不夠專業，你就示範給他們看；如果員工不清楚工作流程或操作設備，你就教導。一點點「母愛」，可以有大大幫助。

雖然在當時不能完全體會，但媽媽在成長過程中教給我們的，其實都是很棒的商業智慧。以下是媽媽常常掛在嘴邊的話，看看這些話是不是句句都是客服金律？

★在開口提要求之前，一定要加上「請」字。從別人那裡得到恩惠時，一定要說「謝謝」。
★與人打招呼時，不要忘了眼神交流和投以友善的微笑。
★如果不小心犯了錯或是得罪了人，一定要說「對不起」。
★言出必行。
★永遠不要撒謊。
★絕不邋裡邋遢出門。
★如果不能口出美言，不如什麼都別說。
★試著站在別人的觀點來看問題。
★己所不欲，勿施於人。
★要嘛不做事，要做事的話就好好做。

如果員工能按照這些準則做事，必然會提升客服品質，他們的人生之途也會更順利。

每天早上，你是以什麼樣的精神面貌迎接工作呢？不管在公司的職位高低，這件事反映了你大部分的工作狀態。就像小時候，媽媽希望你每天早上都是精神抖擻、蹦蹦跳跳、帶著滿腔自信去上學。媽媽也希望我們在踏進教室時，能抱著一股對卓越的渴求；面對挫折和失落時，能擁有不屈不撓的毅力。在比賽時，她會希望我們不僅表現出色，更希望我們秉持公平競爭、遵守道德規範（當然，穿著也要得體）。每一位媽媽都希望自己的孩子出類拔萃，現在的經濟環境如此不景氣，誰又能只求表現平庸？因此，你必須全心全意為客戶提供服務，得到客戶讚賞，就像做出能讓媽媽向左鄰右舍炫耀的成績一般。

如果你是希望發掘員工最大潛力的英明管理者，更應具備每位好媽媽身上共有的特點：**長遠的眼光**。媽媽們總在思考應該把孩子培育成什麼樣的人，她們之所以在教育上投入那麼多心血，之所以要孩子建立自尊和自信，之所以從孩子誕生那一刻起就給予保護和關愛，也都是出於她們的長遠目光。

希望孩子擁有自信的媽媽，會用千萬種方式表達對孩子的信任。做為管理者，你也應該**信任你的員工**。請想一想，你打算培養出什麼樣的員工，然後依此目標來引導員工，建立員工自尊自信，讓他們感受到你的保護和重視，展現出你對他們的信任。雖然無法保證每位員工都能績效卓越，就如同媽媽也不能保證孩子一定會成為棟梁之才一樣，但優秀者一定可以在這樣的培育中，成長勝出。

我給大家最後一個建議，下一次，當有客戶對你的付出表示感謝時，當老闆對你的工作表現表示讚賞時，當你在工作上有了引以為傲的成就時，不要忘了打電話告訴你的媽媽。當媽媽拿起電話聽筒時，對她說：「媽，今天我在工作上做出了一點成績，我想打電話謝謝妳為我所做的一切，也謝謝妳教給我的一切。我現在明白，妳才是我今日成就背後的功臣。」就像第十六任美國總統亞伯拉罕．林肯（Abraham Lincoln）所說過的那句話：「我的一切成就和夢想，都歸功於我天使般的媽媽。」

| 4 |

摸清組織生態再行動

Be an Ecologist

常有人問我：「你已經擁有這麼出色的團隊，你還能做什麼？」答案是，我是首席生態學家，職責是在不干擾精妙的生態系統平衡的前提下，提升迪士尼世界的經營環境和企業文化。

如果你花時間了解、研究過生態學知識，你就會發現，生態系統是一個巧妙而平衡的體系，系統之中的每一個因素都相當重要而且相互聯繫。如果任由某個環境系統自由發展，通常在一段長時間之後，這個系統最終會自我調節回平衡狀態。但如果在這個系統添加或抽掉某些因素，那麼環境中的每一個因素都會受到影響。

一個組織就像生態系統，企業中的每個因素就如同生態系統中的個別因素，彼此關聯影響。也就是說，企業發生的任何事，或多或少都會影響其他部分。你所做的每一件事，都會影響對客戶的服務品質。如果想讓顧客體驗到最優質服務，就得非常注意每一個決策、所發布的每一項措施、引進的每一個流程、雇用的每一位員工、拍板的每一次晉升、寄出的每一封郵件、進行的每一次對話，展開的每一次合作，以及對員工的每一次鼓勵。那些看似與客戶和銷售毫不相干的細節，說不定會對客服品質產生不可估量的影響，從而決定企業盈虧。

在演講和研討會中，我常常告訴聽眾，在晉升為管理者後，我的任務就是**創造適合優質客服的生態環境。能成功打造這樣的系統，主要取決於三點：一是雇用好人才，二是確保讓人才擁有工作所需的專業能力、培訓以及各種資源，三是放手讓員工各司其職，而不是緊迫盯人。**透過這三點，企業的系統便會像自然生態系統一樣能自我調節、最終達到平衡。

在以優質客服文化著稱的企業中，他們的最高層主管都是放手給直接部屬自主完成工作的領導者。這樣一來，領導者就有時間做自己的分內事。舉例來說，在負責管理迪士尼世界時，我的部屬中有兩名很棒的執行者，一位是巴德・戴爾（Bud Dare），另一位是傑夫・法勒（Jeff Vahle），兩人共同負責所有資產專案，利用手下實力雄厚的四千人維修團隊，把整個樂園管理得井井有條。巴德是認證會計師，傑夫則是工程師。我對這兩位的專業幾乎一竅不通，因此我把工作全權委託給他們，從不插手。在那段時間，兩人的工作績效極為出色，讓我以他們為傲。對負責餐飲部門的迪爾特．漢寧（Dieter Hannig），我也採取相同的管理方式。雖然我在餐飲業有二十五年經驗，但迪爾特深諳餐飲服務之道，因此，我也把這項任務授權給他。我要為每一位有幸共事過的一流人才叫好，比如銷售部門的里茲．玻爾斯（Liz Boice），管理部門的唐．羅賓森（Don Robinson）、艾琳．華萊士（Erin Wallace）、愛麗絲．諾斯沃西（Alice Norsworthy）以及卡爾．霍爾茲（Karl Holz）。透過這種管理方式，主管在面對諸如應該提供什麼餐飲、如何疏導客流等日常決策事項，便能自己下判斷，用最適當的方式來提升顧客體驗。

這些主管的表現如此傑出，以致常常有人問我：「李，你已經擁有這麼出色的團隊，你還能做什麼？」答案就是，**我是首席生態學家，職責就是在不干擾精妙的生態系統平衡的前提下，提升迪士尼世界的經營環境和企業文化，營造健康的環境，鼓勵每位成員發揮潛力，將每位來客都當成世界上最重要的貴賓對待，同時確**

保每一位員工都具備勝任工作的技術和條件。我雇用和提拔適合的人才，給他們高品質的培訓，讓每個人都明白自己的重要性，還讓他們在每天一早起床時，就迫不及待地來上班工作。

好消息是，無論你是誰，在公司的職位高低，你都可以扮演生態學家。你不必擁有任何特權，也不須是個主管，就可以在職務範圍內，在公司的某個角落，營造出欣欣向榮、蓬勃發展的氣氛。即使公司其他部門已被蹩腳的管理弄得一團亂，你依然可以影響身邊的人、利用本書的三十九堂課，打造出屬於自己的香格里拉。不要去管別人在做什麼，把注意力放在能力所及的事情上，盡力為滿足每一位顧客的需求來打造你的生態系統吧！

| 5 |

選用合適的A咖員工

Hire the Best Cast

許多人在求才時很容易犯一個錯誤，
就是單憑對方的專業能力就決定是否雇用。
只看這一點是遠遠不夠的，你還要仔細評估另外兩個特質，
那就是態度與熱情。

只靠靈活的策略和好用的流程，無法打造出一流的客戶服務，還需要合適的人選，來執行高明的策略和流程。否則，你就會像擁有完備的比賽策略，卻得率領一群糟糕隊員的足球教練一樣。

許多管理者都沒有受過訓練，學習如何面試應徵者，所提的面試問題不能全面反映員工在工作上的真實表現。結果，他們只能根據所掌握的少得可憐的資訊，憑直覺做出決定。人力招募非兒戲，豈能草率了事？除了人力資源部門的同事外，與人員甄選相關的每一個人，

都應該懂得如何為公司選出對客服工作有高度使命感的人才。不論你在組織裡的職級高低，甄選面談做得越好，你的管理工作就越輕鬆，客服也會做得越好。

剛成為新手主管時，我所掌握的新人面試技巧與絕大多數主管差不多，也就是說，我根本不知道自己在幹嘛。蓋洛普諮詢公司（Gallup）讓我第一次明白如何雇用合適的員工，也讓我明白如何洞察應徵者所具備和欠缺的才幹。之後，我又接觸了卡蘿．昆恩（Carol Quinn）和她的「動機面試法[1]」，一時間如醍醐灌頂。有些應徵者在面試時對答如流，但實際工作的表現卻令人失望，而昆恩設計的這種面試法，讓我們得以在面試時選出真正適合的人選。在她的幫助下，我修正了面談方式，從那之後，我在選才方面幾乎沒有失過手。

我發現，面試中一些常見問題反而會適得其反，導致應徵者用過於正面的答案來誇大實力。舉個例子，當我們提出「告訴我一個你曾經做過、超過客戶期待的服務案例」面試官通常以為，這個問題或類似提問時，能挖掘出應徵者的特質。但問題在於，即便是最差勁的應徵者也能回憶起至少一次類似的經驗，可是他們所講的，究竟是反映平時的工作狀態，還是絕無僅有的一次例外表現？因此，我再也不提出這類問題了，而是**注意了解應徵者處理挑戰和挫折的方式**。比如，我可能會提出「請談談你如何應對抓狂的客戶」這樣的問題。看出其中的不同了嗎？這類問題更偏向開放式的引導題，有的應徵者可能會回想起成功處理的經歷，有的則沒能處理好；有的人可能會說出他是如何勉強應付過去的，有的則抱怨客戶簡直不可理喻，有人甚至把事情搞砸了，有的應徵者還會告訴你好幾個故事。關鍵在於，與其詢問應徵者偶發性的經歷，能夠引出一連串不同答案的問題，能提供你更多資訊。

許多人在求才時很容易犯一個錯誤，就是單憑對方的專業能力就決定是否雇用。應徵者的技術水準當然是不可或缺的標準，只看這一點是遠遠不夠的，你還要仔細評估另外兩個特質，那就是**態度與熱情**。

大家可能聽過這樣一句話：「**以態度決定聘用，以培訓發展技能**。」我所說的客服工作中的態度，指的是人們在面對嚴峻挑戰時，對自己能在多大程度上影響

1 編註：即 Motivation Based Interviewing method，簡稱 MBI，詳見 www.hireauthority.com。

結果的自信。簡單來說，可以大致分為兩種人：一種是相信自己能夠戰勝困難、自信「**我做得到**」的人，另一種則認為事情的結果多由外部因素決定、認為自己「**做不到**」。遇到困難時，第二類人往往認為他們無法決定後果，所以也沒有努力的必要，只能畏畏縮縮迴避，因此錯失大顯身手的機會。相反的，第一類人則相信憑藉堅定不移的毅力，成功終究會降臨，於是他們使盡渾身解數，努力不懈解決問題。福特（Ford）汽車公司的創始人亨利．福特（Henry Ford）曾說：**「無論你認為自己行還是不行，你都是對的！」因此，請務必要選出態度積極的人來服務客戶。**

然而，如果缺少服務的熱情，即便是有能力的「我做得到」一派，也無法長久提供一流的客服。客戶能從一哩外就察覺出缺乏熱情的人，他們寧可與積極向上、幹勁十足的企業打交道，也不要跟那些員工看起來總是一副被工作折磨得奄奄一息的公司合作。對工作的熱情是一種強大動力，最棒的是，你無須為熱情的員工點燃火種，因為他們的內心早已燃燒著熊熊烈火了。在招募時，你應該物色真正喜愛這份工作的人。如果你想找到熱愛工作的員工，就從那些從進門做自我介紹就充滿熱情的應徵者中找起。

說到如何讓客戶滿意，最有效的招數莫過於聘用具備我所強調的**三個客服特質的人員，即擁有客服技巧、擁有「為工作在所不辭」的態度，以及對工作抱有巨大熱情的人**。這三種特質加在一起，便會形成一流客服不可或缺的元素：敬業精神。世界上所有的企業和專業都不能沒有這種敬業精神。敬業的醫生擁有更多滿意的病患，敬業的教師也擁有更多滿意的學生。無論你的工作地點是學校、醫院、連鎖店、航空公司、雜貨店還是工廠，只要你想提供給顧客最優質的客服，就得選用技術純熟、充滿熱情、和相信「我做得到」的員工，他們會讓每一位客戶都享受到最棒的服務體驗。

| 6 |

寫下適合自己公司的客服劇本

Be Your Own Shakespeare

一場完美的演出，絕對少不了精彩的劇本。
想要提供令人滿意的客戶體驗，要先把想要的場景描繪出來。
你何不自己來當莎士比亞？

幾年前，我曾想像過一個普通的四口之家在迪士尼世界進行一趟完美之旅的場景。然後，我把自己的想像寫成十頁長的故事，故事的主角是羅傑斯一家，內容則圍繞他們在樂園中的七日遊展開。我為什麼這麼做？當時，我剛剛被調到奧蘭多當迪士尼世界的高級副總裁，羅傑斯一家的故事只是我寫的一個劇本，我打算做一個客服範本，是擔任各種服務角色的員工指南。

故事的大綱是這樣的：羅傑斯一家來到樂園，服務人員小心翼翼為他們停好了車，接待人員恭敬有禮接待這家人，行李員禮貌地接過行李，櫃檯人員則很快幫他們完成入住手續。接著，羅傑斯一家住進美侖美奐的客房。在度假區，每到一處，羅傑斯一家都會碰到待人友善、對業務嫻熟的員工。無論是在餐廳用餐、買冰淇淋、搭乘觀光車，還是在乘坐太空山雲霄飛車，他們都非常盡興。羅傑斯一家在工作人員的揮手告別中，結束這次五星級的遊覽體驗，離開時，一家人臉上堆滿笑容，他們享受到一生中最難忘的假期。

經由編寫這個故事，我彷彿真的化身成顧客，身歷其境體驗了一流的客服。我把這則故事發給每一位員工，希望藉由他們，實現紙上的完美體驗。我在隨函中寫道：「希望這則故事能夠幫助大家想像和理解，迪士尼世界的國際級客服究竟是什麼模樣。」在我任職期間，寫故事成為一種工作模式。無論你的職務是接聽電話還是諮詢服務，無論你是財會人員還是技術人員，無論你是餐廳侍者還是主管，無論你是銀行櫃檯還是經理，無論你是空服員還是飛機駕駛，你都可以學習我的做法，**創作一個描述一流客服樣貌的劇本**。

我常常告訴大家，每天開始工作時，都要讓自己就像即將上臺表演人生故事一樣。我讓大家想像，巨大的紅色布幕即將拉起，而評論家也已在觀眾席的前排就座。一場完美的演出，絕對少不了精彩的劇本。每位製作人、導演或演員都會告訴你，每一齣戲都是由紙上的文字演化而來的。想要提供令人滿意的客戶體驗，要先把想要的場景描繪出來。你何不自己來當莎士比亞？

無論從事哪個行業，都可以勾勒出顧客在你的公司享受完美服務的場景：顧客先是到達停車場，然後進了大門，走進大廳或接待室，直到離開的那一刻，臉上都掛著滿意的笑容，他們已經迫不及待想要再次光顧了！顧客看到了什麼，聽到了什麼，感覺到了什麼？**勾勒出每個細節，想想看你和員工（也就是劇中的演員）需要做出什麼樣的表現，才能為顧客帶來完美體驗？**每個人的分工如何？何時應該做什麼？說什麼？用什麼方式說？大家的穿著如何？態度怎樣？想像出越多細節，效果就越好。

接下來，就是與整個團隊、部門或公司的每一個成員分享劇本的時候了。就像每一部百老匯歌舞劇和好萊塢電影一樣，想要引起轟動，就得確保製作班底的每一個人準確掌握自己的角色。當然，如果你是擁有成千上萬名員工的企業老闆，要把每個細節都寫進劇本的確不大實際，我可不想讓你的劇本比《戰爭與和平》（*War and Peace*）還要長。在這種情況下，你可以省略掉一些細節，**讓各部門員工自己來豐富劇本**。鼓勵大家創造屬於自己的劇本，不僅能刺激員工發揮創意投入，還能確保工作的每個面向都被考慮進來。

如果你對戲劇不感興趣，那就把劇本想像成一份**食譜**吧。主廚可不是為了好玩才寫下食譜的，主廚是為了記錄如何完美搭配食材，以便可以完美複製出一模一樣的佳餚。同樣的，一旦你得出了完美客服的「食譜」，不會想把這個食譜長長久久沿用下去嗎？

當然，劇本或食譜是維持客服水準不可或缺的藍圖，但並非一成不變。每位導演和演員（或大廚）都會告訴你，天下沒有一模一樣的兩場表演（或兩盤菜肴）。就算只改動一句對白（或一種食材），整場表演（或整盤菜肴）也因此變得不同了。如果你擁有合適的演員，並且排練得很熟練，那麼在演員對劇本倒背如流後，可以並且應該給他們一些即興演出空間（詳見〈37：有原則，更要有「彈性」〉）。這一點尤其重要，因為與演員產生互動的觀眾就是顧客，而顧客的行為舉止是不可預料的。所以，員工必須比舞臺上的演員更懂得隨機應變才是。除此之外，我們都處在瞬息萬變的環境之中，大家可以時時刻刻調整寫好的劇本。當迪士尼世界引進新的科技和設備時，我們就會即刻改寫羅傑斯一家的故事。

一個內容充實的劇本同時也可以做為招募和培訓時的參考資料。就像導演一樣，你可以在研讀手中的劇本後，根據角色需要利用「試鏡」來物色合適的人選。比如說，如果你需要一名銷售人員，可能就需要找精力充沛、性格開朗、笑容真摯、能夠輕鬆應對大批顧客的外向型人選。劇本中對這個角色的外形和行事風格等特質的描述，比一般的職務說明書還要入木三分，這些都有助於物色合適的人選。

底線是，千萬不要對員工的表現採取放任態度，務必要把劇本分享給公司的每一個人。觀賞戲劇或演唱會的觀眾，誰不希望得到無與倫比的享受？同理，你的顧客也都期待著一流的體驗。**一個完美的劇本，便是企業長久獲利的保證。**

| 7 |

把每位員工都打造成專家

Become an Expert at Creating Experts

幾乎所有的公司裡都設立了培訓發展部門，
但很少人意識到，培訓和發展不是一個部門，
而是一項責任。

假如你是即將進開刀房動手術的病人，你會希望由接受過專業訓練且經驗豐富的醫生主刀，還是把性命交到任職不到一年、勉強混了個醫學院文憑的新人手中？客戶或許不必面臨這樣生死攸關的抉擇，但一樣的是，他們希望跟可信賴的專家打交道。

我的孫女瑪格告訴我們，「對人好一點」是一流客服的首要原則。但這並不是唯一原則。在實際生活中，你的確可以用和善的態度吸引客戶消費，但如果企業不能透過專業的技能和知識讓客戶信服，

客戶就會轉而與更熟悉業務的公司合作。我在世界各地旅行時，遇到不計其數的態度親切但專業能力不足的員工和管理者。我為他們感到遺憾，這些人雖有一片赤誠之心，卻缺乏讓他們勝任工作的培訓，也就無從體驗到做好一件工作所帶來的滿足感了。

一旦你將合適的人才找進公司後，還需要將客服哲學傳授給他們，並透過培訓教會他們完成下達的任務。我經常在演講中向聽眾提出這個問題：「你們有多少人的公司設立了培訓發展部門？」幾乎所有的聽眾都會舉手，但很少有人意識到，**培訓和發展不是一個部門，而是一項責任**。這項責任不僅屬於人力資源人員或培訓導師，應由每位成員共同承擔。這個道理是我在任職不久後從比爾．馬里奧特（Bill Marriott，萬豪酒店創辦人）先生那裡學到的，他曾告訴我：「**培訓、教育並不斷鞏固效果，是追求卓越的唯一途徑。**」這句話在我後來的職業生涯中不斷得到驗證。我發現，與一般的企業相比，肯在員工培訓上下真功夫的企業的客服品質，比沒有做培訓的企業要高出許多。

我們有必要對企業中的每一位員工進行培訓，讓他們了解公司營運的各種事情：從企業的使命宣言到經營哲學，從所有產品和服務到商業模式，全都不能遺漏。當員工對公司和產品資訊能夠如數家珍時，才能透過電話、電腦或面對面與客戶進行交流。知識就是力量，具備豐富知識的員工，可以將踟躕不定的來客變成消費者，也可以把初次光顧的客戶變成常客。我們都知道，與一問三不知的人講話是很容易讓人抓狂的。

有一次租車出差，我不小心在倒車時撞上電線杆。我的行程很緊，恰好要趕一趟航班，只得在去機場的路上撥打保險公司的緊急電話，詢問歸還租車後需簽署的文件要花多長時間。電話總機對此一無所知，只得把電話轉給服務人員。過了一會兒，服務人員才接起電話，他很客氣聽我講完事情原委，然後開始喋喋不休給我羅列了一大堆的選項：您可以這樣做，也可以那樣做，要不然試試這種方法。就是沒有一個能解決我的問題。他就這樣答非所問滔滔不絕，彷彿嘴唇的活動能幫他打開腦中的某個暗室，把答案給釋放出來似的。

我終於忍無可忍打斷他，把情況複述了一遍：我只不過是想知道簽署文件需要花多長時間而已。他坦白回答說不知道，我便向他要了租車歸還處的電話。

一位友善的女服務員乾脆俐落回答我的問題：「最多五分鐘，負責索賠的人員評估車損狀況之後就會打電話給您，你們可以討論後再決定具體解決方案，不論用私人支票、匯票、信用卡、現金都可以支付。」

這真是解了我的燃眉之急！這位服務員明白我的需求，毫不拖延地提供了所需的資訊。如果那家保險公司的員工（特別是所謂的服務人員）能像她這麼熟悉業務，不僅我不必在這不到六十秒就能搞定的事情上浪費十五分鐘，那位與我通話的服務人員也不必和我白費口舌，她完全可以利用這寶貴的十五分鐘提供服務給別的客戶。順便提一句，我覺得這種情況是非常普遍的。專業人士在服務客戶時從不拖泥帶水，而缺乏專業的人員往往答非所問，用不準確或不真實的資訊敷衍客戶。千萬不要把不熟悉業務的人員安排到接聽熱線、前檯服務等職位上。

這件事反映出管理者在人員培訓上的疏漏。

另一個相反的例子是，對員工進行優質培訓，最終會為客戶帶來愉悅體驗。有一次，我的可攜式無線網路分享器出了點問題，我到本地一家威瑞森（Verizon）通訊行維修。進店不到一分鐘，就有客服人員來接待我，他問了幾個問題，馬上找出癥結所在，為我下載了一個新程式。五分鐘不到，我就拿著修好的機器走出店門。

在以優秀的服務品質著稱的企業中，每位員工從到職那一天起到離職，都會不斷接受公司培訓。這些企業不僅將專業技巧循序漸進教給員工，還定期透過宣傳手冊、電子郵件、課程、研討會以及假期活動等形式，與時俱進提升員工專業技能。此外，這些企業會鼓勵和促進主管、員工間的互動，彼此分享新學到的技巧和經驗。**可以說，擁有一流客服品質的企業，就是成功營造持續學習環境的企業。**迪士尼世界則更勝一籌，公司內部設有專業的學習中心，裡面有各類書籍資料、影音資料以及線上課程，並對所有員工二十四小時開放。

管理者與員工的定期會面也能讓員工持續學習。管理者可以從員工那裡得知客戶對公司有哪些疑問和不滿，然後向員工傳授解決這些問題的答案、方法和技能，以便在類似問題再次出現前做好應對的準備。

這種不間斷的培訓不僅能確保服務品質，也能維持服務品質的一致性。**服務品質的穩定性非常重要**，如果公司員工步調不一，最終受害的是企業本身。

我的一位友人就曾有這種經歷。她在一家旅館度週末，由於週一早上她要搭計程車去機場，所以在週六那天，她向櫃檯人員詢問到機場的時間和費用。接待人員回答，可能要花四十五到九十分鐘，視路況而定，費用大約四十美元。

週一早晨，友人請另一位服務生叫了一輛計程車，而她得到的答案卻是，交通時間不會超過三十分鐘，費用是六十五美元。兩個不同的服務人員竟給出完全不同的答案，結果兩人當中一個說對了時間，另一個說對了費用。我的朋友比預計少花了二十五美元，卻被「剝奪」了一個小時的睡眠時間，無奈提前到了機場，滿心不快。講這個故事意在提醒大家，確保每一位員工所掌握資訊的一致性和準確性，很有必要。

如果主管沒有能力把你培養成為專家，那你就只能靠自己的力量了。如果你不具備工作所需要的技能，千萬不要把責任推到主管或公司身上。當然，讓你接受培訓是主管和公司的職責，但是你自己也有責任尋求各種方法提高技能。如果你的問題超出主管能協助的範圍，那你就應該另外請教他人，充分利用公司內外部所有可用資源。

讓自己成為專家，不僅能提升客服品質（也能增加公司的水準），你也會更有

自尊和自信，讓你在人才市場上脫穎而出。成為客服專家不僅讓客戶受益，你的工作和生活也將因此蒸蒸日上。

| 8 |

像蜜蜂一樣傳播好想法

Be Like a Bee

無論職位為何，
每個人都同時扮演著「蜜蜂」和「花朵」的角色。
如果「蜂巢」的每一個成員都能養成習慣，
蒐集和傳播好點子來提升業績，你的客服品質將會做得更好。

在我的演講和研討會上，主持人通常都會用「負責經營迪士尼世界長達十年」的方式把我介紹給聽眾。主持人通常還會介紹，我管理四萬名員工，把迪士尼世界不計其數的酒店、主題公園、高爾夫球場、購物娛樂中心以及運動休閒中心經營得有聲有色。幾乎每次都會有人問：「你把這一切都管理得井井有條，有什麼祕訣嗎？」老實說，我其實並不具備對這家大型企業的各方面都瞭若指掌的神奇魔力。但是，我有眾多稱職能幹的左右手，我一直相信，他們對自己所負責範圍的具體事務絕不會得過且過。我的職務並沒有要求要對企業中的所有事情一清二楚，我的任務其實就像蜜蜂一樣飛來飛去，幫助各業務總裁、經理人以及第一線工作人員，每天都比前一天進步一點點。

在我的管理工作中，迪士尼世界創辦人華特．迪士尼（Walt Disney）的一則故事一直激勵著我：一個造訪迪士尼世界的小女孩問華特，是否繼續在畫米老鼠，華特回答說，他已經不再畫他創造出來的卡通角色了。

「那你還寫不寫故事？」小女孩又問。

華特回答：「我也不再寫故事了。」

「那你都做些什麼呢？」小女孩困惑地說。

華特想了一下，解釋道：「我就像一隻蜜蜂，在不同的花朵之間飛來飛去，從這兒採點花粉，再到那兒採點花粉，再回到蜂窩製造花蜜。」他的意思是，他的工作就是在迪士尼世界的各個機構之間「飛來飛去」，為眾多員工的想像力授粉，幫助他們提升創意和效率。

對於希望提高團隊、部門或公司客服品質的管理者而言，華特的話不失為值得借鏡的箴言。想讓企業在競爭中脫穎而出，得確保不斷與時俱進。入行之初，我就意識到，自己的力量是有限的，如果能激發出管理的每個人的積極意志力，就能擁有移山之力。軍人把這種作用稱為「力量倍增器」，華特·迪士尼則用「加法原則」來形容這種效應。用哪個詞來稱呼並不重要，重要的是你要意識到，**如果「蜂巢」裡的每一個成員都能養成習慣蒐集和傳播好點子來提升業績，那麼客服品質將會做得更好。**

大自然離不開為花朵辛勤授粉的蜜蜂，企業也離不開為員工創意「授粉」的領導者，和在同事之間傳播創意花粉的員工。不過有一點不同之處，蜜蜂傳授花粉是有季節性的，而想提升客服品質的管理者，對團隊和員工「授粉」卻是每天的功課。他們必須每天早上起床就開始準備授粉。隨著主管生涯展開，我越發體會到，我的主要職責其實就是盡可能與最多員工溝通，想盡辦法提出優化的點子。有時，我的點子能夠一語驚醒夢中人，但有時也會發生徒勞無功的情況。但無論如何，我與員工的交流不僅能激盪出新靈感、帶動大家提出疑問，還能激勵我身邊的人找出更新、更好的方法來完成任務。

當你在企業這個大花園中飛來飛去時，不要只忙著找碴。想培養大家創新思考的好習慣，找碴是沒有實際幫助的。相對於只看到缺點，你應該把注意力放在如何改進現狀上。但切記：**不要直接命令員工應該怎麼做，而是要透過「提問」的技巧來引導**。如果能給客服人員自由思考的空間、鼓勵他們大膽表達想法，那麼他們想出來的對策也許會比你的還要高明。

我進入迪士尼世界時，已經在旅館服務業累積許多經驗，但除了與家人同遊過幾次主題樂園外，我對經營遊樂園完全沒有經驗。也因此，我向員工問了許多「笨問題」，卻讓我自己受益匪淺。由於我的確對樂園的經營沒有概念，因此，我並沒有被「就照以前的方法做」的成見畫地自限，因為我根本不知道事情以前是怎麼做的。我的無知讓真正懂得怎麼做的人更有自信，還激發他們出謀劃策的勇氣。

無論經驗有多豐富，無論從工作中累積多少成功方法，這種讓自己放空的策略，對任何管理者都有用。專業知識固然重要，但也往往會扼殺創新思想的火花。如果有人問你「我們為什麼要這麼做？」最糟糕的回答莫過於「因為我們一直以來都是這麼做的」。

我承認，並不是所有人都歡迎我在他們的管轄範圍進進出出、嘮叨著如何才能改進現狀。但是我選擇了鍥而不捨，最終，我透過熱情和發自內心的尊重每位員工的專業技能，融化了這股阻力。我會專門造訪員工的辦公場所，希望為他們的工作「授粉」，在此過程中，我通常會問以下幾個問題。在此，我強烈推薦各位讀者能根據自己的企業和工作職責的情況，參考這些問題：

★ 你為什麼會用這種方法做這件事？

★ 你覺得還有沒有更好的方法？

★ 你有沒有想過用另一種方法試試看？

★ 客戶對你的做事方式最欣賞的地方是什麼？

★ 客戶對你的做事方式有沒有不滿意的地方？

★ 哪些話是你不願意和客戶說的？

★ 如果你可以對現存的客服方式做出兩個改變，你想改變什麼呢？

你也可以事先針對工作中的特殊事項準備好相應的問題，比如：

★在尖峰時間，顧客的平均等候時間有多長？

★哪些貨物經常會出現缺貨情況？

★你平均一個上午能夠服務多少位顧客？下午呢？

★我們有辦法增加上述顧客的人數嗎？

★這些顧客中，有多少人是心滿意足離開的？

★在你看來，這些客戶中只會來光顧一次的人占多少比例？能夠成為常客的人又占多少？

★你應該如何有效利用離峰時間？

如果你不問這些問題，人們就不會這樣思考。除了這裡所列出的問題，很多問題都可以幫助你尋找到改善企業現狀的嶄新途徑。你提的問題越多，生出的點子也就越多。而且，這樣的提問除了時間以外，並不需要其他的成本投入，還能提高員工的自信心和積極性。

你也可以借鏡華特．迪士尼的「加法原則」，不時把企業中的「蜜蜂」召集在一起，做創意激盪。你可以定期安排讓大家分享好點子的會議，一週一次或一月一次都可以。同仁所提出的一些點子也許現在不適合採用，抑或還需畫龍點睛才可行，但你仍應該把所有可能會派上用場的點子都記錄下來，整理成檔案。因為你永遠也猜不到哪個點子會有大放異彩的一天。**有時候，最有效的解決方法，往往是看上去毫無關聯的點子意外拼裝而成的。**

請記住：無論在公司的職位為何，你都同時扮演著「蜜蜂」和「花朵」的角色。這兩個角色缺一不可、相互影響。你越是能敞開心扉接受別人的花粉，就越能掌握為他人授粉的訣竅。即使不是管理者，你依然可以在職場中分享傳播靈感和創意的花粉。無論你的角色或頭銜是什麼，只要想提高客服品質，那就勤奮飛舞起來，努力去尋求改善現狀的方法吧！

只要你開始變得更好，永遠都不嫌太晚。

9

別怕偷學，大膽借用好點子

Be a Copycat

只要競爭者擁有比你更先進的服務體系，
那麼終有一天，他們會將你的顧客全部偷走。
你需要緊盯競爭者的一舉一動，
要毫不猶豫地把他們最棒的模式拿來為己所用。

你有沒有發現，有些最成功的企業，是靠借用和發揚其他公司的好點子才擁有今天的地位？舉例來說，蘋果（Apple）是第一家將滑鼠搭配電腦使用的公司，但滑鼠並非蘋果公司原創，是IBM發明的。史蒂夫．賈伯斯（Steve Jobs）看準了這項技術的潛力，依據蘋果個人電腦的風格改進滑鼠，從此，蘋果不僅建立起消費者對滑鼠的印象，同時還在個人電腦業界颳起一場改革旋風。

當然，你也可以透過類似方法改善你的企業或部門的客戶服務。

你要像一塊海綿一樣汲取別人的點子，再依自己的需求改造這些點子，變成你自己的。你可以模仿某個創新流程或創意策略，也可以借用能讓消費者身心愉悅的廣告詞；甚至借用一些與客服沒有直接關聯的東西，比如某個培訓課程、某個技術升級程式，或者賣場或辦公室空間的布局等等。但是，**高明的模仿者不會照搬別人的東西，而是認真審視身邊的好點子，篩選出最棒的點子，然後找出最適合的方法加以利用。**

或許我的話有悖於小學三年級時老師給你的教誨，但我還是要說，**至少在商界，模仿並不等於欺騙**。只要你模仿的東西沒有在專利登記註冊或受某種法規的保護，那麼借鑑其他企業的點子並不犯法。如果模仿也算犯法，這世界就不會誕生那麼多不可思議的發明了。

事實上，不模仿其實是一種騙人的行為，你正在欺騙自己。你可以這樣看待這個問題：**只要競爭者擁有比你更先進的服務體系，或是研發出一套比你更快的工作流程，那麼終有一天，他們會將你的顧客全部偷走**。當你後悔自己沒有抓住機會模仿這些競爭者時，已經無力回天了。你需要緊盯競爭者的一舉一動，要毫不猶豫地把他們最棒的模式拿來為己所用。

旅館業就是一個因模仿才得以蓬勃發展的產業。現在，凡是大型連鎖飯店都提供快速入住和退房的服務，都有預約早餐服務、液晶電視、健身房、會員優惠積點等等便利的設施和服務。如果摘除這些飯店的名稱和招牌，然後找一位資深旅客隨便走進一家大型連鎖飯店，我想連這位旅客也猜不出自己身在哪家飯店。所有這些創新做法都有其起源，但現在，這些創意已遍地開花，而各大飯店也爭先恐後地搶先在其他業者之前拓展這些創意。每家飯店都想在借鏡和利用別人的點子上搶占先機，受益者自然就是尋求舒適落腳處的旅客了。

當我意識到模仿的重要性後，便開始鍛鍊自己細心觀察和用心記錄的習慣，以求捕捉每一絲能夠提升生活和工作品質的靈感。直到今天，每當走進飯店、餐廳、銀行、機場、診所、商場等場所，我都會仔細審視周圍的一切，思考應該如何應用於生活中，或如何放在演講中與聽眾分享。

有一次，我和妻子普莉西亞一起去越南度假。我們在支持癌症研究的慈善拍賣會買下一份旅行套餐，便按照套餐行程，居住在第六感酒店（Six Senses Resorts &

Spas）。酒店的服務品質堪稱一流，但引起我注意的是枕頭。原來，店裡居然有多達十六種枕頭可供選擇，不僅形狀、大小各不相同，枕芯也分為泡沫填充物、羽毛和山核桃殼等，應有盡有。旅客還能為枕頭挑選不同的薰香料，以提升睡眠品質。雖然我因出差已經入住過數百家酒店，但還是頭一回遇到枕頭選擇如此之多的酒店。如果我還在酒店服務業工作，必定在下飛機後立刻把這家酒店對枕頭的周全考慮納為己用。而且，我也把這次的經驗用來提醒各行各業的企業，永遠尋求讓顧客感到印象深刻的新方法。

最後一件重要的事，在借用別人的好點子時，不必只侷限於直接競爭對手的身上。**真正有遠見的人懂得從異業發掘出好點子，並把別人的點子依自己所需加以改造利用**。無論你從事哪個行業，只要挖掘到令人眼睛一亮的點子，都可以從中汲取養分。

以下是一些汲取好點子的方法：

★到購物商場裡去，盡可能多逛幾家店，把你觀察到的每項優質客服都記錄下來。回到辦公室後，查看一下清單，考慮一下哪些做法適合你的公司。

★給員工或同事一項任務，把他們日常生活中遇到的所有與優質客服有關的做法都拿出來與大家分享。從中選出五個可以在公司實施的最佳點子，並獎勵分享這些想法的員工。

★找找看，在你公司做得不夠好的地方，哪家公司做得最好，專門針對這些公司深入研究，到這些企業中去取經，和他們的員工及客戶聊一聊，上網查查大家對這些企業的評價如何。

★閱讀商業雜誌、參加會議、在Google上搜尋任何你能想到的資料，這樣能讓你對同業間的消息更加靈通。親身體驗的價值固然不可替代，但如果能徹底掌握業界大大小小的訊息，價值也是不可小覷的。

★經營專業人脈。如果你能把同事當做人脈加以利用，就無異於進入了一所師資一流的終身學習機構。你可以從同事身上獲取靈感，但也別忘了慷慨地和他們分享你的好點子。

★閱讀，閱讀，再閱讀。書本、雜誌、網路文章、報紙，這些通通要讀。從每一篇故事和每一個廣告中尋求靈光一閃的契機。

★與各行各業的菁英多多相處。讓他們告訴你，他們在做些什麼、又是怎麼做的，「三人行必有我師」，菁英的話中一定有亮點。

模仿不僅是最真誠的讚賞，更是自我提升的捷徑，尤其如果你能夠發揮創意、讓借用來的點子發揮出最大效益。記住：**你並不一定要搶在人前、或做到最大，只需做到最好就行了。**想要成為最好的，就應該隨時隨地眼觀四面、耳聽八方、敞開心胸。靈感是免費的，抓住任何機會找靈感吧！碰到一個好點子後，好好思考如何用更少的花費、更快、更好地將其付諸實踐。

如果你仍對模仿的智慧還半信半疑，那你可以在下次去買你最愛的咖啡時多注意一下。許多年前，霍華．舒茲（Howard Schultz）在義大利參加貿易展覽時，發現米蘭和維洛那市（Verona）[2]的街道上到處可見小咖啡館。咖啡師把咖啡豆研磨好、做出濃縮咖啡、加上奶泡，然後端出一杯杯熱氣騰騰的咖啡。這情景是他前所未見的，舒茲因此大受震撼，而他接下來的所作所為，早已被傳為商界佳話：他將所見與自己的想法結合，星巴克（Starbucks）於是應運而生。二〇一一年，舒茲榮膺《財星》（*Fortune*）雜誌「年度商業人物」。在我看來，舒茲不啻為商業史上最偉大的模仿者之一。

2 編註：維洛那位於義大利北部，距離威尼斯不遠，是座古羅馬城。

10

重視措辭，擴散真誠熱情

Be a Wordsmith – Language Matters

在對待顧客時，你所使用的語言隱含著巨大意義。
如果你稱呼顧客為「貴賓」，
那麼員工或工作夥伴一定會以「貴賓級」的品質來接待他們。

媽媽以前常對我們兄弟兩人說：「當心你說的話！」當然，她是在告誡我們不要說髒話，但是，進入職場後，我才發現，媽媽的話其實隱藏著更深的含義。

髒話並不僅指三字經，在某些情況下，滔滔不絕也很讓人生厭。

領導力專家法蘭西斯・賀賽蘋（Frances Hesselbein）[3]曾經提過這樣的問題：「你聽過有誰說出『我好想要當別人的部下』這樣的話嗎？」她的意思是，「部下」這個詞有貶低他人的意思，沒有人會把低人一等當做自己的夢想。當你提到那些工作上直接向你報告的人時，為什麼不能用一個更能鼓舞人心的說法？許多高階主管已經意識到這個問題，他們改用「工作夥伴」這種更尊重他人的詞來稱呼員工了。

另外，我也很受不了「我的員工在客服上做得很不賴」中「我的」員工這種說法。除非你是國王或皇后，否則我奉勸你盡量戒掉這個講法。雖然你有權在薪水單上簽字，也有權解雇他們，但員工並不是「你的」。如果你老用這種貶低他人身分的說法來稱呼他們，那麼他們必定會心生不滿，不知不覺中就會把心裡的積怨發洩在顧客身上。

還有很多例子能夠證明用字遣詞在商業上的重要性，以上只是兩個小小的例子。語言既能打擊士氣，也能鼓舞鬥志；能刺傷別人，也能療癒他人；能引發戰

3 編註：賀賽蘋是杜拉克基金會（Leader to Leader Institute）會長暨執行長，獲頒美國平民最高榮譽的美國總統自由獎章，也是「艾森豪國家安全系列獎」（Dwight D. Eisenhower National Security Series Award）首位得主。著有《領導力》（*On Mission and Leadership*）等多本經營管理書籍。

爭，也能帶來和平。「我有一個夢」[4]一文雖寥寥數語，卻為我們勾畫了一片願景。語言文字能為我們的心帶來喜怒哀樂。而讓我們留下深刻記憶的話語，就是最能觸動心靈的字句。

不適當的語言就像病毒，必然會在不知不覺中腐蝕企業文化。如果貶損、詆毀或令人洩氣的話語在公司裡滿天飛，不僅會折損員工的熱情，客服品質也會跟著惡化。記得一九八〇年代，我在百慕達（Bermuda）搭乘美國東方航空（Eastern Air Lines）公司的飛機時，聽到一位空服員對另一位說：「野獸來啦！」她所謂的「野獸」，指的就是乘客。一九九一年，東方航空公司就倒閉了。很顯然，「野獸」紛紛選擇了別家航空公司，而我一點也不意外。

在對待顧客時，你所使用的語言隱含著巨大意義。正因如此，許多企業才紛紛尊稱顧客為「貴賓」。如果把使用你的產品和服務的人稱為「貴賓」，那麼員工或工作夥伴，也一定會以「貴賓級」品質來接待他們。

無論是與顧客交談還是在談論顧客，你的言語中都應該傳達出尊敬和關愛之心，就好像每位顧客都是世界上最重要的人一樣。要注意，一些在日常生活中使用的語詞，還是盡量不要在顧客面前使用。拿「大夥們想吃點什麼？」這句話來說吧，這可以用在你的孩子身上，或在看超級盃比賽時對你的朋友這樣說；但這絕對不會是高級餐廳的服務生應該對客人說的話。「大夥們（guys）」這個詞太過隨便，有的顧客甚至會覺得你帶有性別歧視。

我的妻子特別討厭別人說「有個叫普莉西亞·科克雷爾的人來見你了」。「有」這個字讓她想起「洗碗槽裡有一隻蜘蛛」或「閣樓上有一隻老鼠」這樣的話。用「普莉西亞·科克雷爾女士來見你了」聽上去就讓人舒服多了。

在客服中，那些帶有熱情而正面肯定的用詞，會帶來意想不到的效果。「絕對的」、「一定的」、「沒問題」、「當然了」這些詞都很好用，遠比「可能吧」要大氣許多。

4 編註：一九六〇年代美國黑人民權運動領袖馬丁·路德·金恩（Martin Luther King Jr.）博士的一場演說，以「I have a dream」來描繪期待黑人與白人終有一天能平起平坐的願景。

除此之外，我還有一些建議：

★「我該怎樣幫助您？」要比「需要我為您做點什麼嗎？」好。

★「讓我帶您去看看商品」要比「在那裡呢」有用多了。

★「這是我的榮幸」要比「沒關係」或「不客氣」聽上去更真誠。

★不要說「這不歸我管」這種話，而要說「讓我幫您找一個更專業的人來幫助您」。

能夠提升顧客信任感的語言一定是積極、文雅且尊重的。恰如其分的用語可以創造奇蹟，因此，請帶著真誠之心，去發掘語言的魅力吧！

11

找「科技宅男」加入團隊

Have a Geek On Your Team

透過進步的科技，
你的競爭對手哪怕只為顧客節省了幾分鐘的時間、只避免了一次客訴，
或只是讓顧客與他們的溝通變得愉快一點點，你就輸定了。

企業都喜歡雇用年輕員工，因為年輕人外形條件好、身強體壯、薪資成本低，而其中佼佼者則有潛力成為公司明日之星。現在，雇用年輕人的理由又多了一個：與年長的同事相比，年輕人對新科技的掌握更為純熟，有的甚至稱得上是專家。我最近聽別人說了這麼一句話：「世界的未來掌握在科技宅男（Geek）手中。」雖然此話有些言過其實，但我認為，如果不在企業中安排幾個科技宅男，你就會在市場競爭中失去優勢。我們幾乎每天都能看到新的電子產品上市，而這

些創新產品不失為提升客服品質的利器。因此，你最好招募幾個對高科技世界的動態瞭若指掌的人才，同時，你更應當留意能夠自己動手進行技術創新的人才。

前不久，我得知加州聖荷西市（San José）的果園五金商店（Orchard Supply Hardware）推出一套名為「分區服務」的專案。「分區服務」到底是什麼呢？這家店面廣達六萬平方呎的分店隸屬於「Do It Best」五金批發公司，該公司在全球擁有四千家分店。果園五金商店執行長馬克．貝克（Mark Baker）解釋：「店裡的每一位工作人員都要戴耳機，這樣一來，無論顧客需要在停車場把商品搬上車，還是想得到產品資訊，我們都能視需要調派人手協助。」利用科技來提高客服品質，這就是很好的例子。這件事也讓我們領悟到，**改進客服品質的方法有很多，現在提高客服品質的祕訣，也許就在科技宅男手中。**

在字典中，「科技宅男」一詞有以下幾種定義：

★ 對科技領域和科技活動懷抱熱情，特別是能熟練掌握的人

★ 著迷於科技事物的人

★對電腦和新媒體等科技感興趣的人

企業對這類人才的需求，已經達到前所未有的程度，無論你涉足的是哪一個行業，企業客服品質都離不開科技的應用。科技能使銷售流程標準化，方便顧客在網上查詢及購買產品，也能讓你更容易找到目標客群，並吸引他們的注意力。科技也提高了顧客在提問、反映意見、投訴、退貨時的便利性，同時也讓他們的問題得到更迅速的解決。如果你想在競爭激烈的世界上保有立足之地，就一定需要科技的輔助。你可以這樣思考這個問題：透過進步的科技，競爭對手哪怕只為顧客節省了幾分鐘時間、只避免了一次客訴，或只是讓顧客與他們的溝通變得愉快一點點，你就輸定了。

即使你以為所謂的高科技只是設立一個網站、申請一個臉書（Facebook）帳號，抑或是用電腦儲存資料罷了，但仍然需要組識一支科技宅男團隊，以確保所有電腦系統都能即時更新，以便達到最高運轉效率。科技發展的勢頭銳不可當，你不僅需要科技狂人幫你建置和維護資訊系統，還要讓他們確保公司能緊跟著時代脈動進步。就像歐巴馬政府白宮網絡安全負責人理查德‧克拉克（Richard Clarke）說的：「科技宅男能完成任何事！」

請務必牢記：你所要尋找的科技宅男，不僅要對科技得心應手，**同時還要能理解客戶服務是怎麼回事，並真正了解其意義所在**。你要找的，是一名能與他人產生共鳴的技術人員，這個人必須懂得站在顧客的立場看問題，如此科技宅男才能利用科技，有效地滿足顧客的需求。

我們的世界一直都是科技宅男所打造出來的，你的公司也是。為你的公司或團隊招募一些科技宅男吧，付他們薪水，尊重他們，提供必要的創新空間給他們，讓科技宅男幫助你將公司的客服品質提升到一個新高度。

12

賦予員工自主權

Don't Give the Responsibility Without the Authority

每一位與顧客打交道的員工都應該懂得，
他們的首要職責就是讓顧客感到心滿意足，
為了達到這個效果，公司應該賦予員工一定的權力。

我認識的一對夫婦最近到大型家電賣場，準備購買一款即將推出的熱門電動遊戲機。商店還沒開門，兩個人就趕到店門口，與其他電玩迷一起排隊等待。妻子因為行動不方便必須坐在輪椅上，兩人便詢問保全人員能不能讓他們在店內等候。保全人員進去店裡詢問，二十分鐘後回來告訴兩人，他們必須和大家一樣在店外等待。夫婦兩人要求找經理交涉，得到的答案仍是否定的，問經理也沒辦法，因為規矩就是規矩，沒有什麼可商量的餘地，就是這樣。

按情理來說，保全人員應該有權為身障人士破例。但是很顯然，即便是在如此明確的事情上，這位安全人員仍然沒有自己做主的權力。這不僅引發顧客的強烈不滿，也讓商店在這款高利潤產品的銷售上蒙受了損失。

亞馬遜（Amazon）就很懂得如何賦予員工自主決定的權力。記得有一次，普莉西亞訂購的一套瓷器出了問題，她打電話給亞馬遜客服。客服人員並沒有一邊請示上級主管，一邊讓我的妻子在電話這一頭傻等，而是二話不說，讓她選擇公司把退款登錄在她的購物卡上，或是直接換貨。普莉西亞對他們的服務非常滿意，她告訴客服人員，自己的丈夫正在寫一本有關客服的書，想問問亞馬遜的客服政策是什麼。客服人員回答說：「很簡單，我們有權力讓顧客滿意。」

每一位與顧客打交道的員工都應該懂得，他們的首要職責就是讓顧客感到心滿意足，為了達到這個效果，公司應該賦予員工一定的權力。當然，員工手中的權力總有其極限，企業必須設計確實可行的流程，確保員工與有決策權的主管之間的溝通管道暢通無阻。大家也許親身體驗過，客服人員事事必須向上請示，然後讓你只能晾在那裡左等右等，這滋味真不好受。

相關調查顯示，**失去顧客青睞的原因並不是問題本身，而是解決問題的效果太差、速度太慢。**在這個時代，顧客不僅期望自己的需求能夠立刻得到滿足，而且對麻煩事也是能免則免。為了等待解決問題而投入的每一分鐘，以及在過程中累積的不滿情緒，都會提高顧客琵琶別抱的可能性。其實，**第一線客服人員的自主決策範圍越大，主管就更能集中精力處理自己的事。**

迪士尼世界之所以能以優質服務享譽全球，原因之一就在於：公司能夠一絲不苟地把內部發生的所有問題和失誤都記錄下來，然後培訓員工，賦予他們當場解決這些問題的權力。我也非常希望你能掌管的範圍內，採取相同的措施：定期調查顧客和員工，找出經常發生的問題，然後為員工提供他們所需的培訓，讓他們有能力應對突發事件，賦予員工處理問題的權力。

一位朋友告訴我，有一次，他趕到機場，卻發現自己不小心訂錯了機票。他發現自己預訂的班機已經在二十四小時前起飛，心情跌到了谷底。因為他要出席一場商業會議，如果不趕緊找到另一班飛機，麻煩可就大了。我的朋友當場嚇出一身冷汗，票務人員則安慰他：「讓我看看能為您做些什麼，」然後便輕敲起電腦鍵盤來。短短幾分鐘後，她告訴我朋友：「一切都搞定了，您的航班將於四十分鐘後起飛。」友人千恩萬謝，掏出信用卡想支付更改航班的罰款，票務人員卻擺手謝絕了。不必支付其他費用。

很顯然，西南航空公司（Southwest Airlines）賦予這位票務人員處理問題的權力，讓她盡可能滿足乘客的要求。如果你的公司能夠仿效這樣的政策，不僅能獲取顧客的忠心，還能享受公司賺錢的喜悅。

PART

B

扎實基本功

基本功的道理很簡單，不難懂也容易做，但不因「簡單」而輕忽、不因「熟練」就鬆懈，能夠重視與堅持反覆練習這些小事，便是讓你脫穎而出，從平凡到不凡的關鍵。

13

做好基本功

Don't Get Bored With the Basics

就像傑出的運動員一樣，
先把馬步蹲好，才是決定成敗的關鍵。
假如你連揮棒的技術都沒練好，又怎能打出冠軍全壘打呢？

我曾經專門針對這個主題寫過一篇部落格文章，文章談到總有一天，當你一覺醒來時會發現，生活中的一些小事，諸如與人建立溫暖、信任的關係等，其實才是人生最重要的事。這篇貼文收到的迴響超過我其他所有的發文。絕大多數讀者都表達了感謝，說我提醒了他們，不要忘記這些容易忽略卻又真正重要的根本小事。

成功的企業和個人都有一個共同點，那就是時時不忘關注基本功。就像傑出的運動員一樣，先把馬步蹲好，才是決定成敗的關鍵。

假如你連揮棒的技術都沒練好，又怎麼能打出冠軍全壘打？在商界，看似無足輕重的小事，往往被人忽視，但這些小事卻常常成為你在競爭者中脫穎而出的關鍵。為什麼？因為**在客戶的眼裡，這些小事就是大事！**

以飯店服務業為例。希爾頓飯店創辦人康拉德．希爾頓（Conrad Hilton）說過：「讓殷勤款待（hospitality）所散發的光與熱充滿世界，是我們的責任，過去如此，未來也一樣。」還有比這更中肯的話嗎？「Hospitality」一詞寫成希臘文是「philoxenia」，意為「對陌生人的愛」。為家人、朋友尤其是陌生人提供一份家的溫暖，正是飯店服務人員的職責。他們細心有禮，深知如何讓客人有賓至如歸的感覺。古希臘人認為，熱情款待陌生人便能取悅眾神。我是不知道眾神會怎麼想啦，但我可以向你保證，熱情款待絕對可以讓你的客戶龍心大悅。

如果你想知道基本功到底有多重要，那就去觀察一下優秀的服務人員是如何工作的吧。二〇〇八到二〇〇九年間，我的妻子普莉西亞曾在奧蘭多區域醫療中心（Orlando Regional Medical Center）住院六十四天，那時我不分晝夜在病房裡陪她。有一天，我注意到每位護士進出病房時都會使用殺菌液洗手，這事看起來正常不過，洗手是我們從小就被媽媽耳提面命的事，在醫院裡洗手，不是更天經地義的事嗎？但在這裡卻顯得意義重大，洗手這個簡單的動作，能大幅減少傳染機率，有助於讓病人早日康復，甚至能挽救性命。這件事看似微不足道，但效益卻不容小覷：不僅帶來病人的身體健康、心情愉悅，同時也讓醫院和保險公司降低了成本。

《聖經》上說，「清潔近乎神聖」，或許有點言過其實，但**清潔**確實應該被奉為商界的基本原則之一。如果你經營的是旅館和餐廳等提供食物的地方，清潔的重要性更不言而喻了。無論你銷售的是保單、廣告、法律諮詢服務，或其他任何商品，清潔也都是重要的標準。試想，在一家辦公室一塵不染的公司，和一家辦公室和會議室掛滿蜘蛛網、滿是塵埃的公司之間，你願意和誰建立長久的合作關係？我之前的老闆比爾·馬里奧特說過：「保持清潔，態度友善，一切都會順順利利。」華特·迪士尼也說過類似的話。這件看來不值一提的基本功，卻是十足的首要重點。

和清潔同一類的，是**「個人形象」和「個人衛生」**。再說一次，這是基本標準。請務必確保公司員工的外表乾淨整潔，身上沒有異味。如果誰做不到這一點，你就得和他談談了。我知道，誰都不想去談這種事，但是拖得越久，邋遢的員工就會讓你失去越多客戶。當媽媽對你說「我可不希望看你不修邊幅地往外跑」時，應該不會支支吾吾吧，那麼做為上司或同事的你，又有什麼難為情的呢？當然，每家公司因為地理區域、企業形象以及客群習性，會有不同的標準，比如，在外表上，布魯克林區（Brooklyn）老式成衣店的銷售員，肯定和比佛利山莊四季酒店（Four Season）的大廳接待員有很大差異。但我想說的是，你必須確保自己的外表（如果你是老闆或管理者，你還要負責監督員工的外表），不要有違你希望向客戶展現的企業形象。

每家企業都應重視的另一條基本功，就是**清楚的溝通**。**人們會以你的溝通能力來判斷你是否具備專業能力、智力、是否做了充分準備，以及你的個性如何**。這些因素，正是客戶在有意無意間用來評斷企業的標準。你和公司的每個人都應具備透過口語和寫作，與人清楚溝通的能力。清晰是溝通時最重要的事，如果你表達得夠清楚，就不可能發生誤會。

在溝通時，許多企業往往忽略一個非常關鍵的基本原則：**企業不只需要傳達有意義的訊息，還要選在適當的時間點、不厭其煩地傳達**。在這一點上，美國西南航空公司就做的非常到位。在西南航空公司的候機區，旅客常常會從廣播中聽到這樣的訊息：「您的飛機預計將晚十五分鐘抵達，但是我們會盡力讓您準時出發。」該公司會定時向旅客通報起飛時間、延誤時間以及航班變動等資訊，不但緩解了旅客的不安，也向旅客傳達出他們看重這件事。

還有一個例子，證明了清楚並且持續的溝通有多重要。我們當地有一家車商，我每次去店裡維修保養汽車時，業務員曼尼（Manny）總會為我安排好所有事情。曼尼會在維修之前為我詳細解釋整個過程，在汽車進廠期間，他會定期與我聯繫，報告具體狀況。如果進度比預期延遲，曼尼會盡快通知我，好讓我及時調整行程因應。為了回報他的殷勤服務，我也盡己所能地為他介紹買主，並且在部落格發了一篇文，對這家車商的服務品質盛讚一番。我敢打賭，被這家店的服務感動的人絕不只我一個。其實只需即時為客戶發一條提醒的簡訊或電子郵件，客戶就會感受到你的照顧。

除此之外，所有公司還需更加**細心周到**。請務必將每一位客戶都視為獨立個體來加以關照，也不要忘記費點心思對客戶噓寒問暖，然後記得把這些知識都教會你的團隊、員工、同事。有一次，我把汽車開到店裡保養，曼尼問我的書寫得怎麼樣了。我已經有三個月沒來店裡了，但曼尼不僅記得我在寫書，還會關切詢問。或許曼尼擁有驚人的記憶力，也許他會特地把客戶的大小事記錄下來，但不管怎樣我都必須承認，他關心我寫書，讓我覺得自己很受重視，而這也是你應該努力為每一位客戶營造的感覺。

最後一點：不要忽視了**專業知識**。如果想要提供一流的客戶服務，你和每一位員工都需要具備客戶所需的專業知識。在放手讓員工面對客戶之前，你是否充分訓練他們了？你是否檢驗過員工的專業知識？許多企業都發現，在訓練課程後多增加一道測驗的做法，可以大幅提升員工的績效表現，也會帶來客戶滿意度。

我們來回顧一下幾個基本功：

1. 清潔
2. 個人形象和個人衛生
3. 清楚的溝通

4. 細心周到

5. 專業知識

你的公司還有哪些重要的基本功呢？如果你還沒思考過這個問題，那我強烈建議你抽點時間好好想想。如果你是管理者，更應該確保部屬時時刻刻都熟記基本原則，並熟練應用於工作中。

| 14 |

打理好儀態

Look Sharp

顧客心中對服務人員的外表和舉止有自己的標準，
並用這個標準來打分數。
如果你的儀表舉止都透露專業形象，
顧客便會推測你的服務品質也會是專業的。

一九七〇年代初期，年歲尚輕的我在費城（Philadelphia）的萬豪酒店擔任餐廳經理。一天早上，萬豪集團的創辦人比爾．馬里奧特偕夫人愛麗斯（Alice）親臨酒店的咖啡廳，他直接走到我面前，看了看寫著我的名字和職稱的胸牌，說：「科克雷爾，你是這兒的餐廳經理嗎？」

我回答道：「是的，先生。」

他望著我，然後捏起一把垂在我耳旁的頭髮：「那你為什麼不去整理一下頭髮，有個經理的樣子呢？」

我嚇得差點心臟病發，回過神後，馬上衝到酒店理容部「急救」。那次衝擊不僅讓我糗斃了，更讓我覺悟到，雖然當時蓄長髮蔚為時尚，但卻不是成功專業人士該有的髮型。從那天起，我更加注重個人形象。有那麼一段時間，我的朋友大多是沒有穩定工作、蝸居在父母家地下室的樂手。我決心擺脫這種形象，從外形上向事業有成、工作穩定的成功人士靠攏。我甚至仔細揣摩公司年度報告裡高層領導者的照片，期望有朝一日自己也能成為其中一員。我最終如願以償了。

在理想化的世界，長相美醜、穿著好壞，甚至頭髮凌亂這種事，都不會影響客戶對你的看法。但現實終究與理想天差地別，在現實中，人們總是會在見到你的最初幾秒做出定論，而顧客當然也會在見面的第一秒就對你做出評判。顧客心中對服務自己的人的外表和舉止有自己的標準，他們會用這個標準來替你打分數。如果你的儀表舉止都展現出專業，顧客便會推測你的服務品質也會是專業的。如果你沒能達到顧客標準，他們自然會琵琶別抱了。

如果你為一家大企業工作，公司可能會明確要求員工的儀容和穿著。你也許對這些要求心懷不滿，也許曾經抗議：「這不是我的風格！」可能這的確不是你下班後的個人風格，但這些要求是針對上班時間制定的，如果你想做好工作，想得到晉升機會，就得遵守規定。你要把工作服裝視為一場戲的戲服，並全力以赴完美演出。當劇幕拉下以後，想要與眾不同、想要流行、想要耍個性，就悉聽尊便了。

如果你不確定該如何制定自己或員工的形象標準，就拿你所處行業或職位相近的最成功的人士做範本吧。這些人是怎麼穿著打扮的？他們以何種形象示人？觀察他們為客戶服務時的一言一行，你覺得他們是樂在工作，還是巴不得早點脫身？一般而言，成功人士不會允許自己以慵懶邋遢、蓬頭垢面的形象示人，你也不會看到他們彎腰駝背、愁眉苦臉、傻里傻氣，也不會逮到他們面露疲態、百無聊賴或悶悶不樂的樣子。精神煥發的儀表不僅包括穿著打扮和個人衛生，舉手投足也不容忽視。因此，請確保你和員工的肢體語言能夠時時達標。每個人都務必要展現出隨時待命的備戰狀態、細心、充滿活力，並表現出對客服工作樂在其中，而且迫不及待地想要貢獻心力。

說到客服，**表現十足活力是最基本的**。也許你看起來敏捷幹練，但**如果你的身體、心理以及精神上的能量不夠充沛，就無法打從內心感受到活力**。回想一下常與你見面的人，在這些人中，你是喜歡和朝氣蓬勃向你問好的人打交道，還是想和杵在那兒打盹、了無生氣的人溝通呢？努力成為從早晨一睜眼就迫不及待投入工作的活力一族吧。如果你是主管，就應該雇用精神抖擻、活力充沛、願意不遺餘力服務客戶的人。

如果你看起來儀表稱頭，就會感覺幹勁十足，也能為客服工作注入活力。不管怎麼說，**得體的穿著至少會讓客戶感覺你的服務品質比較好，對你的評分自然也比較高。**雖然這不盡公平，但現實就是如此。

15

隨時展現專業形象

Always Act Like a Professional

專業形象會使你贏得顧客尊重，也贏得老闆的尊重，
最重要的是，你也會更尊重自己。
畢竟，自尊，正是專業形象的核心所在。

聽到「專業」一詞，我們通常會想到受過專門訓練而有資格從事某些特定任務的人，而且能執行任務獲取高薪。以前，「專業」一詞往往用來指醫生、律師、神職人員、軍官以及高階管理者；現在，這個詞廣泛適用於各行各業和不同職級上的教育工作者、科學家、地產經紀人到運動員等，無一不是「專業人士」。但即便如此，擁有專業職務的人，絕不等同於具有專業形象。回想一下你見過哪些嬌裡嬌氣的運動員，或者言行舉止像極了卑鄙小偷的律師。再想想，你

見過的每一位具備職業形象的公車司機、收銀員和櫃檯接待員。可見，所謂專業，與培訓、頭銜或收入高低通通無關，指的是你的行為舉止，特別是你在客戶、消費者、乘客或病人面前的一言一行。

我每每在演講中談起這個話題，總會提到洛杉磯的餐館服務生。這些服務生當中有許多等待被人發掘的演員和音樂家，在服務客人時，這些懷才不遇的藝人有的會流露出一股厭煩或不滿之情，好像想讓天下人都知道：在飯店的工作對他們來說是大材小用，只要演藝圈一聲召喚，他們立刻就會拍拍屁股走人。但有些服務生卻能表現出對工作的尊重，雖然或許同樣也在暗自祈禱這份工作早點結束，但他們會把這種念頭壓抑在心底，不會把怨氣寫在臉上，甚至他們還努力工作，將每位顧客視為貴賓服務。努力終有回報，許多藝人都是用出色的服務打動身為導演或唱片公司老闆的顧客，進而踏上星途。

無論權力和職位高低，真正的專業人士總是精力充沛地迎接工作。他們知道，如果能在這個缺少優質服務的世界表現出色，那麼吸引伯樂注意的機率就會大大增加。這是我在工作之初就意識到的祕訣，也是我這個來自奧克拉荷馬州農場的大學輟學生得以取得今天成績的主要原因。比如說，在軍隊廚房裡削馬鈴薯皮，我一定削得十分乾淨，削得讓我引以為傲。在以後的職業生涯中，我一直秉持著這種態度，也因此收穫豐厚回報。成功人士都明白，追求卓越的精神是可轉移的，也就是說，**如果他們看到你在某個領域力求精進，便能夠知道你在其他領域也會用同樣的態度做事。**

或許你已經擁有夢想中的工作，或許你只是暫時棲身，一邊支應生活開銷，一邊等待幸運女神眷顧。無論情況如何，請從此時此刻開始，努力在工作之中展現專業吧。

專業人士重視自己的工作，也同樣重視為每一位客戶帶來的影響。他們帶著一股積極正向、使命必達的精神投入工作，而客戶可以從他們身上感受到盡其所能的服務熱忱。

專業人士不僅能自我啟迪，也為別人帶來啟發。他們樂於解決問題，用熱情和自尊全力以赴面對挑戰，兢兢業業，一絲一毫都不馬虎。專業人士不僅能靈活應變，適應力強，當事與願違時，他們也能調整自己、泰然處之。他們不僅有責任感、遇事準備充分，而且樂於助人、有效率、值得信賴、到哪都能勝任、而且總是充滿自信。無論處於何種環境，無論頂著多大壓力，專業人士總能使命必達。一日不解決問題，他們就一日不放棄。面對挫折時，專業人士秉持著愛迪生（Thomas Edison）不屈不撓的毅力，就像這位傳奇發明家所說的：「**我沒有失敗，我只是發現了一萬種行不通的方法。**」

無論擺在面前的是充滿刺激的新挑戰，還是已經做過千萬次的經常性任務，無論是自己默默耕耘，還是處於執行長監督的目光下，專業人士總是全力以赴。想想一流的運動員吧，即使在日常訓練中，他們也會拿出冠軍賽前的敬業態度來面對。

專業人士不僅準時上班，而且在工作時間自始至終都在工作狀態。如果某個突發情況需要他們早到、晚歸甚至犧牲假期時間，他們都會坦然接受。專業人士勇於任事，用積極豁達的心態與同事交流，不捲入流言八卦之中，如果遇到事與願違的情況，也不會滿腹牢騷，即使職場環境一片混亂，他們也不會自暴自棄。

專業人士清楚自己的目標，能自我激勵，具有很高的自主性。與此同時，他們也深諳與人合作之道，很有團隊合作精神，也很重視與人建立合作關係。他們很重視承諾，會將每個承諾視為神聖誓約，而且努力履約。

專業人士雖然對工作全身心投入、一絲不苟，但不代表他們是不苟言笑、缺乏幽默感的冷面人。他們的確會嚴肅對待工作，卻不會把自己看得很重要，雖然為自己的成就引以為豪，卻不會因此而狂妄自大、自命不凡。

可以說，**專業人士最重要的特徵在於，他們總能掌控一切；或許未必能對周圍的局面運籌帷幄，但對自己的言行卻總能拿捏得恰如其分。**

在剛踏入職場時，我完全不覺得自己是專業人士。但就像成功寶典中說的一樣，有時，**演久了就成真**。於是，我搖身一變，成了一名演技高超的「演員」，我不僅模仿專業人士的儀表和舉止，甚至學他們說話，不僅學習專業用語、使用正確的語法，還戒掉了口頭禪，像是「嗯…、你知道的、然後」等等。**專業人士對從自己嘴裡冒出的字句，從不馬虎。**

大家可能聽過這樣一句話：「**不要穿著符合你現在職務的衣裝，而是要穿著符合你夢想中的職務身分**。（Don't dress for the job you have, dress for the one you want.）」引申來說就是，**不要以你現在從事的工作為客服的標準，而要以你夢想中**

的工作標準來服務顧客。如果你是前臺工作人員，那就拿出會讓客戶以為你是店經理的專業形象來迎接顧客；如果你是經理人，那就表現出會讓人以為你是執行長或是老闆的專業形象。

你的專業形象會贏得顧客的尊重，也贏得老闆的尊重，最重要的是，你也會更尊重自己。畢竟，自尊，正是專業形象的核心所在。

| 16 |

練習，練習，再練習

Rehearse, Rehearse, Rehearse

事先演練不僅能讓員工知道如何在日常的工作環境中完成任務，
還能讓他們在前臺布幕拉起的那一刻做好充分的準備，
包括迎接困難和突發狀況。

我們已經說過，一流的客服需要一流的劇本做基礎。但即使手上有了無可挑剔的劇本，在演員沒有萬全準備之前，你敢讓他們在一群觀眾面前直接表演嗎？當然不行！為了讓演員做好準備，你必須讓他們一次再一次、又一次地演練、演練、再演練。只有這樣，你才能挑出劇本中的疏漏，讓劇本日臻成熟。當然，不只是演員要練習，運動員也要經過一次又一次的訓練，一直到賽季結束那一刻為止。就像做媽媽的常告誡孩子們的那句話：熟能生巧。

企業經營自然也離不開這個法則。回想上次做工作簡報的情景，你是毫無準備臨場發揮，還是前一晚在家裡把整個簡報內容都仔細演練過？在旅館服務業，無論是餐廳服務生還是旅館服務生，都會在餐廳或旅館開幕之前接受實地培訓。無論你從事的是什麼行業，事先演練都會讓你受益匪淺。

有一種簡單但效果奇佳的演練方式是角色扮演。只需安排幾個員工扮演顧客，讓其他員工各自做日常工作就行了。你可以指導「顧客」向員工提出刁難的問題或苛刻的要求，考驗員工的應對能力。你還可以設計一些情境，讓員工使出渾身解數來處理。聆聽和觀察員工的應對，除了在現場當著大家的面提出回饋意見之外，還要在私下給予員工批評建議。如果條件允許，也可以借用運動教練常用的招數，把演練過程錄影下來，然後讓整個團隊檢視討論。

有的員工恐怕不太習慣在老闆和同事面前演戲，對於這樣的員工，演練就更顯得重要了。一個人如果太過於扭捏或害怕在同事面前丟臉，他又怎麼能應對「真槍實彈」呢？如果你向戲劇導演取經，他們會告訴你，演練是對付怯場的最佳良方。

我這裡還有一個緩解演練壓力的小竅門：一定要在演練時給予所有員工正向回饋，

不要只忙著挑錯，只要員工有表現好的地方，不要忘了送上稱讚。

即使客服人員不能來到現場，或分散在離你很遠的地方，你也用不著擔心。利用**電腦模擬**同樣可收到實境演練的效果。我們曾讓迪士尼世界「動物王國主題樂園」的狩獵車車手在草原上駕駛越野車進行演練，但很快的就發現，用真正的越野車演練既耗時又花錢。所以現在，我們讓車手用電腦進行模擬訓練，就像訓練飛機駕駛一樣。如此不但提高安全性、降低成本，也更方便讓大家隨時隨地進行練習。

事先演練不僅讓員工知道如何在日常的工作環境中完成任務，還能做好準備迎接困難和突發狀況。我非常建議你召集所有員工，大家一起把在客服上遇到的常見問題列成清單，再把大家所能想像到的特殊困難也列成清單，然後，一起討論出如何具體解決每個問題。雖然不可能預知所有問題，但是這樣做可以事先挖出絕大多數可能的問題。完成這一步後，可以參考得出的結果來設定新的演練情境。如果能找出最有效的解決方法並與大家分享，不但可以迅速處理客服問題，還能夠預防引發進一步的狀況。一旦熟能生巧成為員工的反射動作，員工就能把更多精力投入到解決問題上，即使真有意外狀況，他們解決問題的速度和效果也會大為提升。

切記：**我們要關注的並非會發生問題，而是何時會發生問題。**就像莎士比亞（William Shakespeare）說的「有備無患（The readiness is all.）」。事前演練可以幫助大家在布幕拉起的那一刻做好充分準備。事前做好準備要比拿真正的客戶做實驗聰明多了！

| 17 |

越快、越好就對了

Make ASAP Your Standard Deadline

人們對「即刻」的重視程度已達到前所未有的高度。
相信我吧，在客戶服務上，
速度才是王道。

我們身處於充斥著「立即滿足」的時代。人人都欲望重重，人人都希望自己的欲望能即刻得到滿足。「即刻」已然成為社會普遍奉行的時間規定，而在為顧客提供服務時，「即刻」也應該成為你訂定時限的標準。

俗話說「速度殺人」，這話放在吸毒和駕駛上，的確挺有道理，但是在商業上卻相反。在這個心浮氣躁、瞬息萬變的世界，要是能在速度上打敗競爭對手，那你將因此占有一大優勢。

不久前的一個週六晚上，我出

差回到家後打開電腦，螢幕並沒有像往常一樣出現開機畫面，而是突然彈出一條錯誤訊息，看上去都是術語，讓我摸不著頭緒。我祈禱電腦能像傷口一樣隨著時間自癒，於是決定先上床睡覺。週日一早，我又開機試了一次，螢幕上出現的還是昨晚那滿是專業術語的訊息。我恰好需要用那台電腦裡的資料完成一些工作，急需別人的幫助。

我拿出手機，搜索附近有沒有週日早晨營業的維修中心。Google 頁面上出現一長串網站，每家網站都承諾自己能夠「修舊如新」。我撥通前兩家網站上的電話，語音服務提示要我留下自己的電話號碼，卻沒有告知什麼時候才會回電。我又撥通後面兩家網站的電話號碼，這兩個維修中心的語音服務卻都說只有週一到週五上班，祝我「週末愉快」，連留言選項都沒有，我又怎麼能「週末愉快」呢？

幾個小時過去了，沒有一家維修中心回電話，我無奈之餘又打開手機搜尋，終於，我找到一家提供全天候服務的維修中心。我撥通了電話，沒想到接電話的竟是個活生生的人！對方叫葛拉漢（Graham），我盡量向他描述電腦的問題，他請我把電腦拿到他家看一看。我趕到葛拉漢的家，他看過電腦後，告訴我二十四小時內應該就能修好電腦。

當天下午四點，葛拉漢打電話來：「你的電腦修好了，可以正常運作。」在分秒必爭的節骨眼上，需求得到即刻滿足的感覺真是太棒了！

葛拉漢不僅技術了得，還是位精明的生意人。他把「即刻」奉為工作的時間標準，如果他在做承諾時不把話說滿，卻能交出超乎預期的工作成果，所得的效果要比說大話卻無法兌現好多了。這種理念幾乎可以用在任何行業上。假如你從事零售業，預計商品會在週三到達才能交貨，那就告訴客戶週四才能收到，然後再通知他們提前到貨的消息。如果你是汽車維修店老闆，那就告訴顧客，她的車要到下午五點才能修好，然後在兩點打電話告訴她你們特地為她提前修好車了。如果你從事金融、保險或銀行業，在手機來電語音中，可以設定成讓來電者等候五分鐘，但只過兩分鐘，你就接聽了電話。從這次維修電腦的經驗中，我發現，得到比你預期更加快捷的服務，實在是世上難得的美事呀！

現在，人們對「即刻」的重視程度已達到前所未有的高度。所以，「即刻」和你的團隊促膝長談，策劃一個新的體系和流程，以更快、更早、更有效率地完成工作。「更快、更高、更強」這句奧林匹克格言，同樣可以做為我們的座右銘。相信我吧，在客戶服務上，速度才是王道。

18

絕不要與顧客起爭執

Never, Ever Argue With a Customer

想要打贏唇槍舌戰確實不難，但「戰爭」的成本實在太高昂了。
當你扳倒顧客時，實際上雙方都輸了。
有時，忍一忍才是更好的選擇。

一九七六年，我還在萬豪酒店負責經營，有一位經常光顧的女客人，每次來用餐都必定要抱怨一通：茶太涼啦！湯太熱啦！你們為什麼沒有這種菜？為什麼要提供那種菜？菜上得太早啦！酒水上得太遲啦！有一次，我終於忍受不了，讓心中的「小惡魔」占了上風，於是問她：「您每天晚上是不是都躺在床上琢磨該來我們這兒抱怨些什麼呀？」

她立刻反唇相譏，我們兩個就吵了起來。我告訴她茶水很熱，她偏說茶是涼的；我告訴她湯的溫度正合適，她卻堅稱湯把她的舌頭燙傷了。沒過多久，爭吵就變成互相攻擊，我們的話題不再圍繞茶和湯，只是急著爭個勝負。過了一會兒，總經理巴德．戴維斯（Bud Davis）把我叫進辦公室，狠狠教訓我一頓。我不僅得向女客人道歉，之後還是不得不每天對她俯首帖耳，我雖然表面照做，心裡卻因為讓她占了上風而忿忿不平。不過，巴德卻教了我重要的一課：**當顧客占上風時，企業才算真正贏了。**

他還告訴我，**即便是最惹人厭的奧客，也是來和你做生意的，他們手裡的錢，與彬彬有禮的遊客的錢毫無差別。**所以，**如果想繼續賺這些顧客的錢，你最好管好自己的嘴巴。**這個教訓我算是學到了，從那之後，我再也沒有和顧客發生過任何口角。當上總裁後，我總是要求團隊絕不要與顧客發生衝突。當然，這意味著我在工作中不得不一次次把剛到嘴邊的氣話又咽回去，不過我不但沒有把自己噎死，還為公司挽留了不少顧客。不久前，我的孫子朱利安（Jullian）告訴我，舌頭是人身上最強壯的肌肉。如果顧客挑起爭端，你最好還是放聰明一點，不要掀起舌戰才好。

多年以來，我經常接到顧客投訴，說前臺服務人員態度惡劣。當我詢問服務人員時，卻往往被告知是顧客扭曲事實、顧客才是出言不遜的一方，或者是顧客傷害了公司的利益。一般來說，服務人員大多認為，遇到奧客，他們寧可不做生意，也不願忍氣吞聲。當我告訴他們並不存在所謂的「奧客」時，他們都大呼不解。我總會把巴德・戴維斯教給我的道理傳授給員工：絕不要與顧客起爭執。不要反唇相譏，不要出言不遜，不要冷嘲熱諷，絕不能有例外。有沒有顧客試圖詐騙你？當然會有。會不會有顧客想要不花錢占便宜？肯定也免不了。有沒有品行惡劣、對人頤指氣使的顧客？沒有才怪呢！但是**這些都不重要，因為生意和利潤才是王道！**

因此，顧客越是吵吵嚷嚷，你就越該輕言細語；顧客越是躁動不安，你就越該平心靜氣。俗話說得好：「**不要和笨蛋爭吵，否則就會多出一個笨蛋。**」如果遇到無法控制情緒的狀況，那就離開事發現場，請你的上司立即出面處理吧。

如果你是管理者，那你需要讓員工明白，在面對顧客時一定要做到彬彬有禮、心平氣和，無論顧客多麼難對付，都要控制住局面。**在盛怒的顧客面前，只能用同情和理解去化解。和氣、耐心以及能力才是唯一可用的武器。**以下兩句諺語可供大家參考：一、顧客永遠是對的；二、笑一笑、忍一忍。如果顧客抱怨個不停，那就潛心忍耐，再去處理導致顧客不滿的問題。

遇到顧客大發雷霆，不要覺得對方的矛頭是衝著你來。顧客發怒的原因並不在你，他們與你素昧平生，為什麼要對你發怒？顧客的怒氣往往因事不對人，他們也許失望、也許沮喪、也許覺得吃了虧而忿忿不平。有些人的抱怨或許是無理取鬧，有些人的反應也許真的有些小題大做，但不管怎樣，顧客的怨氣都不是針對你。你只不過恰好成了出氣筒，**只要解決問題，你就可以一躍成為救火英雄了**。

另外，不要忘了：人人都有一本難念的經。顧客之所以衝著你大吵大嚷，可能是因為她遇到人生最倒楣的一天，在你們店裡的遭遇恰巧成了引爆炸彈的導火線。或許她剛被炒魷魚，或許最愛的人剛去世，抑或才從醫院拿到一份情況不樂觀的診斷書。她這一天已經夠「背」了，你又何苦火上澆油和她大吵一架呢？

幾十年前的除夕夜，在巴德．戴維斯教導我處理顧客紛爭的那家萬豪酒店裡，一位滿腹怨懟的顧客要求和經理見面談談。那位經理便是我。這位顧客本打算偕妻子一起來酒店迎接新年，卻被告知酒店沒有接到他們的預約，大為光火。當時酒店座席已全被預訂，店裡人滿為患。我告訴客人，接待人員說得沒錯，位置的確被訂滿了。顧客大發雷霆，他用最不雅的用詞罵我沒大腦，還說酒店的員工都是無能的傻子。我深吸了一口氣，冷靜告訴他，我會想辦法彌補自己的錯誤。沒錯，我的確把失誤攬到了自己身上，因為這個失誤確實是我的，而不是顧客的。這位客人只顧著吵鬧，沒有聽清我的話。我語氣堅定但絕無挑釁地問他：「您是希望繼續對我發火，還是希望我把問題妥善解決呢？」他低聲回答：「處理問題吧。」我告訴他我會負責把問題處理好的，於是顧客也就平靜下來了。

我把夫婦兩人送到吧台，為他們免費點了香檳，還附贈兩頂除夕夜戴的尖頂帽（戴上搞笑的帽子，恐怕想要發火也難了）。然後，我到酒店管理宴席的部門，找到一張兩人座的雞尾酒桌，在餐廳騰出一個角落。十五分鐘後，兩位顧客在擺著鮮豔玫瑰和浪漫燭光的桌前坐定了。幾個小時後，他們餐畢付款，酒店不僅得到一筆進帳，也挽留了顧客的心。

這難道不比把難伺候的顧客趕出店門，好上千百倍嗎？除了看得到的利益，我也為其他員工樹立了值得學習的榜樣。不要忘了，**管理者的職責之一，就是提供正確處理事情的範例。如果你不能以正確的態度面對顧客和員工，自然也沒有資格要求別人。**

總結多年的工作經驗，我認為以下幾點可以幫你在氣憤的顧客面前保持冷靜：

★讓顧客盡情抱怨。聽顧客把事情的來龍去脈講一遍。有時，顧客需要的只是有人傾聽。

★對問題承擔起責任。不要推卸責任，不要辯解，不要找藉口。無論是人手不夠、運貨車出了事故或者伺服器當機，在顧客看來都不是理由。

★盡量找出簡單快速的解決方法。如果實在沒辦法，那就問顧客能不能讓你在二十四小時或四十八小時後再聯繫他們。以我的經驗來看，恭敬的態度能夠撫平絕大多數顧客的情緒。另外，顧客氣消之後，要比正在氣頭上時更容易接受你的解決方案。

★君子能忍則忍。雖然必須把顧客奉為永遠是對的一方，但有時，失誤的確歸於顧客，他們或許誤解了合約條款、簽下錯誤日期，或者搞混了資訊。在這種情況下，想要打贏舌戰確實易如反掌，但打仗的成本實在太昂貴了。有時，忍一忍才是更好的選擇。如果閉口不語能讓你留住顧客，又何樂而不為呢？

★為顧客投訴建立暢通的管道。開設熱線服務台，或者指派懂得如何處理投訴的專員負責回覆電子郵件。把這種模式當成在吃預防藥品：今天喝一兩口投訴藥，明天你就能省去一斤重的紛爭苦惱。

★莫忘最終的勝負。當你扳倒顧客時，實際上雙方都輸了。

PART

C

追求卓越

堅持精益求精、品質始終如一，更深入客戶的內心，了解客戶真正的渴望，才能讓你「從優秀到卓越」。

| 19 |

一次疏忽就可能失去所有客戶

You Win Customers One at a Time and
Lose Them a Thousand at a Time

無論是面對面、打電話，還是透過網路，只要有客戶與你打交道，你都要全力以赴地應對。在這個時代，如果你一不小心得罪客戶，就可能讓成千上百萬的客戶離你而去。

有句商業老話說：「**一次成功贏得一位客戶，一次疏忽失去全部客戶。**（You win customers one at a time, and you lose them one at a time.）」物換星移，我們已經進入社群媒體時代。在這個時代，你一不小心就可能讓成千上百萬的客戶離你而去。只須敲擊幾下鍵盤，某位被觸怒的客戶就能將滿腹憤懣「昭告」所有郵箱連絡人、臉書上的好友，以及每一個閱讀部落格和關注推特（Twitter）的人，把企業的「罪行」公諸於世。客人還可以對著手機傾訴委屈，然後附加一張應時應景的圖片，發到 YouTube 上。要是對方突發奇想，說不定還會找來麥可・摩爾（Michael Moore）[5]針對你拍一段紀錄短片，用音樂和特效烘托氣氛，在社交網站上颳起足以重創企業的旋風。

美國某航空公司就曾有過這種遭遇：公司要求，從阿富汗（Afghanistan）返回美國的士兵，如果行李超過三個包裹，就要從第四個包裹開始支付費用。士兵把這件事拍成影片，發到 YouTube 網站上。短短一天之內，該航空公司收到上千個抱怨，迫使該公司最終不得不讓步。

按理說，客戶對企業的服務滿意，他們就會傳播美言。但是，事實真的如此嗎？恐怕只有企業的服務真正打動客戶時，才會得到讚賞。相比之下，心存不滿的客戶告訴他人的可能性要大得多，而且，群情激憤的爆料事件總是比無關痛癢的褒

---

5 編註：麥可・摩爾（Michael Francis Moore），美國著名紀錄片導演，執導《科倫拜校園槍擊事件》（*Bowling for Columbine*）、《華氏 9・11》（*Fahrenheit 911*）、《健保真要命》（*Sicko*）等作品，以犀利觀點和追根究柢的實話實說風格著稱。

獎更容易引起大家的注意。與正面事件相比，人們天生就喜歡把注意力放在負面事件上，這是進化機制使然，讓人類對風險保持警覺。看到交通事故，駕駛人自然會減速慢行，但如果看到路邊有人正在修理輪胎，大概就少有駕駛人會這樣做了，正所謂「好事不出門，壞事傳千里」。我們通常較易記住警告，卻往往把建議當做耳邊風。沒辦法，因為這是我們的基因。

我也體驗過不少優質的客服，卻鮮少專為此動筆美言幾句。然而有一次，上述那家航空公司斷然拒絕我的合理請求，我便把遭遇一五一十發到了部落格上。我的部落格有成千上萬的讀者，而現在，又將有更多讀者透過本書知道這件事了。

事情是這樣的：有次我打算將一家人的度假計畫安插進幾場演講旅行中。我的行程是先從奧蘭多飛往波士頓（Boston），接著從波士頓轉機飛巴黎，再飛到南非的約翰尼斯堡（Johannesburg），然後返回奧蘭多。我預定某航空公司的機票，票價不菲。臨行前一個月左右，我收到另一封去波士頓演講的邀請函，我對此也很感興趣，只須調整一下行程即可。由於不想讓手中機票作廢，我告訴該航空公司客服人員，說我想取消奧蘭多飛往波士頓的那段行程，直接用邀請方給我的機票從波士頓登機飛往巴黎。事情就這麼簡單，我沒有要求航空公司退還我取消的那段行程的機票，也沒有要他們改動其他六張機票，我只想放棄其中一趟航班而已。由於機票比預訂時貴了一些，我甚至表示願意補償差價。但該航空公司的回覆卻是「不行」。我打了幾次電話，得到的回答都是異口同聲的「不行」。問他們為什麼，都說這是公司政策，禁止乘客改動任何機票。對方還說，如果我不搭乘從奧蘭多到波士頓的那班飛機，我接下來所要搭乘的航班機票都將全部作廢。換言之，我眼前只有兩個選擇：一、取消波士頓演講，二、把機票全部作廢。如此不通情理的政策和如此自毀前程的回覆，在我看來簡直是空前絕後。我在這家航空公司的飛行哩程積分已經很可觀了，會員等級也升了好幾次。

現在，除非別無選擇，否則我絕不會選擇這家航空公司的航班。在該航空公司看來，會員升級只是一個服務項目罷了，就像上網登錄手續一樣照本宣科。他們並不懂，這種行禮如儀的機械式客服，與以誠待客的優質人性化客服之間，有著天壤之別。

靠著自己有限的力量，我告訴該航空公司：劣質客服會讓他們付出慘痛的代價。後來我經常在演講和研討會上提出這個例子，還常拿其他幾家企業的一流客服與其兩相對比。

我想告訴大家，無論溝通的管道是面對面、打電話，還是透過網路，只要有客戶與你打交道，你都要全力以赴地應對。因為企業的聲譽是好是壞，都有賴這些互動時刻得以累積展現。**如果你一不小心得罪了客戶，那麼你所損失的，絕不僅僅是一位客戶那麼簡單。**如果你能在互動中為客戶提供他們想要的東西，那麼他們不僅會成為回頭客，還會將這些愉快的體驗告訴別人。如果你的客服讓客戶有物超所值的感覺，客戶說不定會被你的細心友善和機敏靈活驚得喜出望外，迫不及待地上網向全世界宣告他們的體驗呢！

滿意的客戶是你所能想像得到最棒的行銷宣傳人員，企業訊息的真正載體其實不是廣告，而是這些客戶。如果那家航空公司的客服品質能有廣告所宣傳的一半那麼好，我就心滿意足了。

20

高期待創造大成就

Expect More to Get More

客戶的確能夠督促你對自己保持高標準，
但如果你真的想要成就卓越，
你就得更積極提高對自己、同事以及身邊每一個人的期望。

客戶對你抱有很高的期望，為了達到客戶標準，你也得對同事和員工抱有很高的期望。人們的表現往往與他人對自己的期望成正比，如果你期望大家都能展現最好的一面，大家就會如你所願展現出來，有時，甚至會超出你的期望。

斯蒂爾（Stihl）集團是一家生產動力工具的頂尖企業，透過提高對員工的期望值，這家企業也為客戶創造了更多的價值。我曾擔任斯蒂爾集團的顧問，有機會與許多員工交流，包括總部的職員和工廠的生產線工人。我發現，這些人有一個共同點：他們對工作精益求精。如果某個產品出現極小的瑕疵，他們一定會重來一遍，不達到完美絕不允許把產品送出工廠大門。他們不但在電鋸和吹葉機等產品上止於至善，對自己的員工和演講嘉賓也都要求做到盡善盡美。

斯蒂爾集團曾邀請我為他們的執行團隊演講。早在距離演講還有很長一段時間之前，斯蒂爾集團行銷總監肯・瓦德倫（Ken Waldron）就邀請我到維吉尼亞海灘（Virginia Beach）參觀他們公司，並會見一些公司人員。他這麼做，是為了讓我在演講之前熟悉公司的願景和經營策略。肯帶著我把公司參觀了一遍，又花了一個小時向我補充介紹公司的背景資訊，之後以電子郵件把我們會面時交換的意見做了一次總結。肯甚至專程參加我的另外一場演講，以便告訴我演講中的哪些內容對斯蒂爾集團的幫助最大。毋庸贅言，要不是肯對這次演講的期望很高，就不會費那麼大的工夫對我做那麼多的事前溝通了。

這種抱有高度期待的心態值得所有企業借鏡。**老闆應該提高對主管的期待，主管則應該提高對員工的期待。同樣的，員工應該提高對主管的期待，而主管也應該期望經營層拿出更好的表現。最重要的是，每個人也都應該提高對自己的期待。**

我在此要提醒大家，**提高期待並不會花費公司一毛錢，卻需要所有人投注時間和精力。單單提高期待是不夠的，你還需要開誠布公、清楚明確地把期望傳達給大家。**切勿忽視這個環節，不要以為只要向員工或團隊成員傳達期望就夠了，你還要不厭其煩地一而再，再而三講給他們聽。無論你是使用備忘錄、張貼宣傳海報，還是寄發郵件、透過媒體或進行一對一會談，你都應該用能想像到的所有方法，把你對他們的期望傳達出去。

不要留下任何可能誤解或歧義的空間，一定要注意保持所傳達內容的前後一致性。**如果不把你所期望的內容講清楚，員工就仍然會做出和以前一樣的績效表現，一樣的平庸或差勁。**

你可以把對員工的期望寫成一份詳細的文件，分發給各級員工。雖然文件中的一些內容目前看起來對某些人可能沒什麼用處，但是你不必在意，因為隨著員工的職位轉換，這些內容早晚會派上用場。重要的是，這可以讓員工看到你對每個人的期望是什麼。文件分送到員工手中後，不要忘了做好後續工作，確保員工所提出的每個問題都得到妥善答覆，解除他們的疑惑。

不要忘了，把員工對你本人的期待也寫進文件中。在我負責迪士尼世界經營事務時，我向領導團隊寄送了一封長達六頁的郵件，題目為「李的經營措施和重點任務：大家對我的期待，以及我對大家的期待」。

在郵件裡，我這樣寫道：「歡迎隨時找我談話，根據事件的重要性和急迫性，你可以選擇在一天二十四小時的任何時間聯繫我（我將自己的所有聯絡電話都列了出來）。無論你是不是我的直接部屬，我也希望與你帶領的員工和主管進行交流，盡力發現公司經營過程中出現的問題，並找出需要我關注的管理領域……我也會即時向大家提供各種資訊。如果你沒有即時從我這裡接到需要的資訊，請一定要通知我。由於我們之間傳遞的訊息量可能會很大，因此我會盡量把不必要的資訊刪減掉。如果你認為我過濾掉的資訊太多，請告訴我……」

即便你不是老闆，仍然可以為同儕設定高標準和高期望。你可以和團隊或部門一起設定目標，然後共同找出達成目標的最佳方案。你可以經常挑戰同事，激勵彼此精益求精。上下級之間的友好競爭不但不會造成傷害，反而能夠鼓舞士氣。無論你的身分或職位是什麼，只要你的目標夠高遠，就能成就大事。

最後再提醒一句：**客戶的確能夠督促你對自己保持高標準，但如果你真的想要成就卓越，你就得更積極提高對自己、同事以及身邊每一個人的期望。**

| 21 |

挖掘客戶內心的真正感受

Know the Truth, the Whole Truth, and Nothing But the Truth

挖掘真相或許需要一些勇氣，但是，如果你不去面對，
真相總有一天會捅你一刀。你一定要付出額外的努力，
才能找出顧客對你的公司客服品質的真正感受。

愛因斯坦（Albert Einstein）曾說：**「不在乎小事真相的人，在大事上就不足以被信任。」**無論你為哪家公司工作，或工作內容是什麼，都離不開盡心盡力為客戶服務這件極其重要的事上。只要與客戶服務有關，任何真相都不容忽視。

如果你不能理解顧客的所需所求、所思所感，就不會知道該如何為他們提供適當的服務。但是，許多企業卻沒有把挖掘真相列為要務，寧可將大把大把的時間用在自欺欺人上，沾沾自喜認為自己已經了解顧客。真相不一定令人感覺良

好，因為真相可能會傷人。

如果你不了解真相的危險性的話，有天，真相總有一天會捅你一刀，這時你就只能眼睜睜地看著自己身上的血，而顧客早已離去不知去向。

不要幻想真相會自動現身，你應該主動去挖掘。我之所以這樣說，是因為人們普遍不願意當壞人。誠然，有些顧客一遇到不滿情況，就會心直口快地提出客訴，這些人的確會為你敲響警鐘。但是，多數顧客並不會提出抱怨，或出於個性膽怯，或只因為他們是不願給別人找麻煩的好好先生。事實上，絕大多數顧客都寧可忍受差強人意的服務，也不願引發衝突或把寶貴的時間浪費在爭論上，如果不是事態嚴重或發生難以容忍的損失，他們是不會公開真相的。我不得不承認，我也是這類顧客的一分子。如果有別家公司詢問我對他們感覺如何，即使自知口是心非，我十之八九會回他「一切都很好」。有時是因為我根本沒有時間和精力去解釋哪裡有問題；有時則是我早已下定決心不再和這家公司打交道，因此懶得多費唇舌解釋了。因此，**你一定要付出額外努力，才能找出顧客對你的公司客服品質的真正感受。**

奧斯卡．王爾德（Oscar Wilde）曾說：「看似純粹簡單的真理，實則鮮少純粹，且絕不簡單。」我對這句話的解讀是：**人絕不該止步於淺顯的答案，也不應讓表象的事實掩蓋了真理**。在面對個人人際關係、公眾事務或生意上的問題時，我之所以肯花力氣去挖掘隱藏的真理，正是出於這個信念。在客服這件事上，**顧客的真實感受才是唯一的真相，而不是你和員工所能臆測的**。我在演說中總是告訴大家：「不要把自己的想法奉為真理，因為其中至少有一半可能是錯的。」

我曾經看過這樣一句話，令我印象深刻：「我的確不該偷聽別人談話，但有時，這是發現真相的唯一途徑。」我必須承認，在我的職業生涯中，常常會偷聽顧客談話。這個習慣是在剛入職場時就養成的，那時我還是餐廳的服務生。我發現，透過傾聽顧客的閒聊，可以得到非常多的資訊（你絕對想不到，用餐的人在服務生面前談論的資訊有多豐富），不僅可以為顧客提供他們想要的服務，還能在他們有所不滿時及時補救。除此之外，偷聽也幫助我更了解顧客，讓我能在許多細節上為客人帶來意外的小驚喜，使他們得到更愉悅的用餐體驗。不久之後，我拿到的小費高於平均水準，還有不少顧客再回來消費時，會要求坐在我的服務區用餐。這些都是令我難忘的珍貴回憶。

自從體會到真相所帶來的價值，即使當上一家大公司的總裁，我還是保持偷聽的習慣。我會在自己負責管理的酒店大廳微服出巡，也會在我督導的餐廳像間諜一樣潛行，為的就是得到一手資訊。說實話，雖然我已經離開這個職務，卻仍然不改此怪癖，因為這是我得到資訊的好方法。連普莉西亞都常批評我，說我偷聽得太肆無忌憚了。

當然，想要了解真相，除了偷聽以外，也還有其他的選擇，首先就是直接詢問顧客本人！我認為，你應該培訓每一位需要接觸顧客的員工，教他們如何詢問顧客來獲取真相。以下是我建議可用的一些問題：

★您想買的東西都買到了嗎？
★還需要我為您做些什麼嗎？
★您覺得我們該在哪些方面改進？
★您對我們的服務有特別不滿意的地方嗎？
★我們應該做什麼樣的改進，才能更滿足您的期待？

★您覺得我們的服務有什麼優點，足以讓您再次光顧？

★您會不會把我們推薦給摯友或親人？如果會，是出於什麼原因？如果不會，又是為什麼呢？

除此之外，每家企業都應該**將顧客的投訴記錄下來。還有，不要忽視傳統的顧客調查的威力**。如今資訊高度發達，智慧型手機的應用程式、線上即時通訊軟體等工具都可以用來調查顧客對你的真實看法。但你要有追根究柢的精神，細心傾聽顧客的弦外之音，不要止於表面的回答。**在顧客看來，你的窮追不捨，代表的是你真的在乎他們。**

佛祖曾說：「**有三樣東西是藏不住的：太陽、月亮和真理。**」就像太陽與月亮一樣，真相早晚會浮上檯面。即使顧客不說出逆耳的事實，他們也一定會告訴自己的朋友，包括他們在臉書上的朋友，而這或許就是企業墳墓上的第一捧土。不要等顧客在社群網站上如臉書、推特，把對你的不滿鬧得滿城風雨，應該由你主動把真相挖掘出來。**真相是金子，而每一位顧客都是一隻會下金蛋的鵝。**

22

找出未被滿足的需求

Fish Where the Fishermen Ain't

在釣魚時，有時在別人覺得沒有魚的地方下竿，
反而會有驚喜的收穫；注意別人不做的事，
然後抓住機會，自己動手去做。

全美最受人擁戴的投資家華倫・巴菲特（Warren Buffett）曾說過，在投資上，他一直遵循一條簡單的原則：「眾人貪婪時我恐懼，眾人恐懼時我貪婪。」其實，這就是本書中的「模仿原則」衍生出的另一種觀點：注意別人不做的事，然後抓住機會，自己動手去做。在釣魚時，有時在別人覺得沒有魚的地方下竿，反而會有驚喜的收穫，說的也是這個道理。

但若完全只為與眾不同而標新立異，那可不行，否則到頭來只能落得兩手空空。**成功企業之所以能**

夠鶴立雞群，全靠以正確的方式追求「不同」。也就是說，成功企業會找出顧客未被滿足的需求，然後想辦法填補這些空缺。

速食連鎖公司福來雞（Chick-fil-A）就是很好的範例，S．特魯特．凱西（S. Truett Cathy）在創建這家公司之初就發現，雖然每一家速食連鎖店都供應漢堡，卻沒幾家賣雞肉漢堡。福來雞因此成為一家只專注銷售雞肉的連鎖店，除了雞肉，什麼都不賣。這樣的商業定位要怎麼成功呢？讓我們這樣來看：如果顧客想吃漢堡，他們可以到任何一家速食連鎖店去買，這些店家都是你的競爭對手。但如果顧客想吃的是雞肉，那可以選擇的範圍就縮小許多，如果附近恰巧有一家福來雞，顧客十有八九就會選擇它了。

西南航空公司也因獨闢蹊徑而大有斬獲。例如，這家公司允許乘客改簽機票而不收取額外費用，這項服務為經常需要變更登機日期或時間的空中飛人提供極大的便利，但願意提供這種服務的航空公司卻少之又少。如果你需要取消航班，西南航空公司可以在十二個月內全額保留你的所付款項。另外，西南航空也不對乘客托運的行李收取額外費用（最多兩件），這也是絕大多數公司所沒有的優惠。然而，不是只有大企業或全國性連鎖店才能在客服上創新。

以舊金山灣區（San Francisco Bay Area）的莫莉．斯通超市（Mollie Stone's Markets）為例，這家超市在當地有九家分店，其中兩家位於陡峭的坡地，而且停車極其不便。於是，這兩家分店推出「莫莉接駁車」的服務，負責將顧客及其採購品從超市送到顧客家中。接駁車依需求定時派發，只要顧客購買的商品超過三十美元，就可以免費搭乘。可想而知，這項服務受到當地（尤其是那些身體不便的）居民的熱烈歡迎，莫莉．斯通超市也因此在競爭激烈的零售市場搶下一席之地。

當你平常出門閒逛時，**只要心頭一浮現「這樣做會不會更好？」或「要是他們能提供這樣的服務或產品就好了」的念頭，請務必寫下來**，說不定，這些點子能夠變出創新的客服項目呢！另外，在競爭對手那裡刺探軍情時，你不僅可以找一找值得模仿的做法，還可以想一想**你如何改進這些方法，甚至可以考慮反其道而行**。

如果對手想要像目標百貨（Target）或沃爾瑪（Walmart）超市那樣把天底下所有的東西都納入銷售品項，那你能不能專賣一種商品？如果對手的優勢是到處開店，你能不能把各分店合併為一家總店，然後以極其便捷的送貨服務來出奇制勝？

如果對手處理某個服務要花三天時間，你能不能當天就把這件事搞定？如果對手的營業時間是朝九晚五，你能不能來個朝八晚六？如果對手的送貨服務需要收費，你能不能提供免費的服務或只收取一美元的運費？如果對手的語音答錄機表示他們會在二十四小時之內答覆顧客，你能不能直接回答顧客的電話、即時處理問題？如果對手不出售組合式商品，你能不能把同類型商品組合在一起銷售？總之，你要找出顧客在對手處沒被滿足的需求，然後滿足這些需求。

在你拼我奪、瞬息萬變的世界，能夠滿足顧客獨特需求的公司才能獨占鰲頭。如果你還需要更多的激勵，就想一想那句讓蘋果公司從破產邊緣一躍成為全球獲利率最高企業的廣告詞吧——「不同凡想（Think Different）」！

| 23 |

讓顧客隨時找得到你

Make Yourself Available

在商場上，顧客就是你在商業世界最重要的人，
你應該盡力像對待自己的妻子一樣為他們騰出時間。

決定把家裡地面改鋪地磚後，我和普莉西亞花了很多時間，卻遲遲找不到滿意的花色。在一家地磚專賣店看貨時，我們卻意外享受到兩次一流的客戶服務。首先，女店長細心聆聽我們的需求，很快幫我們找到幾乎完全符合理想的地磚。但我們在訂購前，還是想聽一聽承包商懷特．安德森（Wyatt Anderson）的意見，便在商店裡撥電話給他。懷特立刻回答道：「你們在那兒等著，我馬上就來。」不到半個小時，他便驅車趕來，看了看我們選的那款地磚，對我們表示

贊同：「我覺得這款地磚很適合你們家的風格。」

懷特的做法，是每一家希望讓顧客滿意度飆升的公司都應該仿效的：他立刻為顧客騰出時間，放下手邊的工作，跑到好幾哩外，事實上是二十哩外（約三十二公里）不遺餘力滿足顧客的需求。現在，我和普莉西亞每次在奧蘭多遇到需要裝潢承包商的人，都會熱情推薦懷特。

盡最大的努力為顧客騰出時間，看似天經地義，但是，現實中卻有如此多的員工和企業把這一點拋諸腦後，實在令人咋舌。你會不會覺得，有時在商店、銀行或公家機關，你得雇用偵探，才能幫你好好解決問題？你是否曾在餐廳使盡渾身解數，只差破口大罵，才好不容易要來一杯水或一份菜單？這些情況本來不應發生的，將顧客奉為上帝的機構，絕不會允許這樣的情況出現，因為那裡的員工明白，應該讓顧客隨時找得到你。

有句話可以恰到好處地總結上文中的服務理念：「**只要店裡還有顧客，就不要讓員工在儲藏室閒晃。**」這句話對所有企業和機構都適用，包括網路公司。即便你的企業平臺主要在網路上，仍然需要安排專人守在電話旁，以便接聽消費者打來的諮詢電話；你還需要準備好技術人員，以防網站出現任何故障。

這個道理不光是說給前臺服務人員聽的，無論你的工作是什麼，無論你的頭銜、身分高低，都沒有資格搞例外。**你的權力越大，就越應該讓顧客看得見你、找得到你。**如果某位員工闖了禍，比如與顧客發生爭執，或沒有能力也沒有權限滿足顧客的特殊需求時，能夠負起責任的人就必須立刻跳出來面對。在顧客耳裡，「讓我幫您找一下經理」這樣的回話或許能暫時安撫顧客，但如果讓顧客為了經理而一味傻等，那麼原本就存在的衝突便會急劇惡化。如果顧客最後只等到一句「不好意思，我們經理現在騰不出時間」的話，積壓的怨氣很可能就當場爆發。面對心浮氣躁、急需安撫的顧客，還有什麼比馬上出現在他眼前，更緊急重要的事呢？

在幾乎人人手中都有手機等通訊工具的時代裡，那些聲稱沒辦法聯繫到某人的人，言外之意就是自己不想和別人聯繫。有一次，普莉西亞打電話給我，但我沒有接聽。事後她問我：「難道對你來說，還有比我更重要的人嗎？」這個問題的答案只有一個：對我而言，沒有人比她更重要。因此，我建議你不要對自己所愛的人的電話不理不睬。同樣的，**商場上顧客就是你在商業世界最重要的人，因此你應該盡**

力像對待自己的妻子一樣為他們騰出時間。意識到這一點後，在任何地方工作時我都會告訴員工，只要我的妻子和顧客打電話來，即使打擾到工作也要先告訴我。如果你不屑於接聽顧客的電話，那麼你在面對其他事情的態度上，或許也有偏差。

不管你在公司裡擔任什麼職務，為顧客騰出時間就意味著——只要情況需要，你都應該立刻為顧客解燃眉之急。在以優質客服著稱的企業，公司的經理人無時無刻都在為客戶服務做準備。**迪士尼世界要求前臺管理人員用八〇%的時間在園內巡邏待命，這也是遊客的回頭率之所以爆棚的原因之一**。在西南航空公司和捷藍（JetBlue）航空，主管甚至得親自出馬，幫忙做飛機上的清潔工作！這些工作雖然沒有出現在職務說明書，並不代表你有權利不做。主管的投入參與，有助於營造更加和諧快樂的工作環境，如果你身處管理高層，那我可以向你保證，這種與大家同心協力的態度，必定會在每一個人心中，留下美好的樂章。

看過我寫的《落實常識就能帶人》一書的讀者應該記得，書中有一條對領導者的建議就是：**注意自己的一言一行**。因為身為領導者，你的一舉一動大家都看在眼裡，如果員工看到你和夥伴及顧客打成一片，以身作則，讓自己隨時可以被找到，那麼他們很快就會理解並學習以你的服務態度為最高原則。

如果你身為大公司高層，親力親為做飛機上的清潔工作，或親自接聽顧客的每一通來電，可能顯得不太實際。但是，**即便顧客無法二十四小時隨時找到你，你仍然有責任安排專人，在顧客需要時出面協助。**或許，你的顧客沒法直接對你表達不滿或提出建議，但他們應該擁有一個能輕鬆與你公司聯繫的管道，他們的意見和看法也應該得到適當重視。企業網站上提供的電子信箱是遠遠不夠的，你應該把公司電話放在網頁上，並且指派真人負責接聽。

有一次，我在美國公共廣播網（Public Broadcasting Service）聽到一則廣告。廣告的開頭是這樣的：「本段節目由聯盟銀行（Allied Bank）贊助播出。我們致力於為客戶服務，請隨時撥打（銀行電話），再撥『0』接通客服服務。」一家大銀行，竟然用寶貴的幾秒鐘廣告時間，向客戶保證客服電話的另一端是**真人**，而沒有在廣告中加入「我們的利率很有誘惑力」或者「我們的貸款專家能隨時為你提供協助」這種話。這樣的負面舉例值得借鏡：人人都比較想和同類交談，因此，請在你的公司安排專人與顧客溝通。

多年來，我的私人稅務一直委由奧克拉荷馬市的史密斯・卡尼事務所（Smith, Carney & Co.,）辦理。每次打電話給他們，總機都能很快接聽，並幫我把電話轉到會計師喬・赫尼克（Joe Hornick）手中。不久前，我告訴喬，能在客服電話的另一頭聽到真人的聲音，我非常欣慰。喬告訴我，他們公司曾經考慮安裝自動接聽系統，但最後還是打消了念頭。因為他們意識到，稅務這門業務是人人都能做的，但如果企業想要留住自己的客戶，就得從提升客服品質開始做起。

我在美林資產管理集團（Merrill Lynch）的股票經紀人賴瑞・李德（Larry Reed）、馬拉・萊維特（Mara Levitt）以及布萊恩・科特穆（Brian Coatoam）也都是如此，只要他們能堅持親自接聽電話，我就會與他們合作下去，還會繼續為他們介紹更多的客戶。

另外，我還建議大家把公司地址和服務人員的名字放在官網上，這樣顧客就可以與相關人員寫信聯繫了。你可能不相信，現在仍然有一些人寧願用紙本信件，加上現在能把通信地址寫在網站上的企業少之又少，因此這麼做絕對會讓你的公司脫穎而出。在迪士尼任職期間，我每個月都要看超過七百封信件，與此同時，我們也贏得顧客的忠誠度和良好的業績。

在行動電話和各種通訊設備協助下，我們現在可選擇的溝通管道非常多。視你公司的具體狀況，找出最適合的溝通管道，並確保團隊中每個人都使用一致的管道。如果你需要與我聯繫，請上網 www.LeeCockerell.com，你可以在上頭找到我的通訊地址、電子信箱以及手機號碼。如果你撥打我的手機，我一定會親自接聽你的電話。

| 24 |

超越顧客的期待

If They Say They Want Horse, Give Them a Motorcar

賈伯斯認為，在蘋果公司把產品展示給消費者看到之前，
消費者不清楚自己到底需要什麼樣的產品。
顧客也許會聲稱自己想要的是馬，但如果你能給他汽車，
超越他的期待，你就成功了。

據聞，亨利・福特曾經說過這麼一句話：「如果讓我詢問顧客的需求，我猜他們會說想要一匹更快的馬。」這句話的意思是，在具體的商品還沒有發明出來之前，有時連顧客本人也不知道自己到底需要什麼。福特先生就是以汽車顛覆了消費者的期待。許多偉大的企業家和發明家都非常贊同這個觀點，賈伯斯就曾經駁回顧客意見焦點小組的觀點，因為他認為，在蘋果公司把產品展示給消費者看之前，消費者不清楚自己到底需要什麼樣的產品。

有一次，我順道在科羅拉多州（Colorado）維爾鎮（Vail）的小店買了一把指甲剪。結帳時收銀員問我要不要買杯咖啡。在他詢問之前，我並沒想到要喝咖啡，而收銀台後正放著一個咖啡壺，壺裡飄出陣陣新鮮咖啡香，讓我拿定了主意。從那以後，我就成了那家店的回頭客。

無論你的公司賣的是高價電腦還是指甲剪，預見顧客的需求無疑是讓你在競爭中取得優勢的捷徑。在客服中，預見顧客的需求更是不容小覷，因為能幫助你在問題發生之前，就先防患於未然。此外，這種做法還能讓顧客強烈感覺到你了解他，並且為博得他的滿意而煞費苦心。

說到預見顧客所需，能為他們帶來的驚喜，我這裡還有一個例子。有一次，我的商業夥伴維賈・巴傑（Vijay Bajaj）和太太瑞詩瑪（Reshma）以及十歲的兒子阿爾曼（Armaan）和我共進晚餐，地點在達拉斯（Dallas）的四季酒店（Four Seasons Resort）。他們一家剛剛從倫敦飛抵美國，由於時差，加上旅途疲倦，晚餐席間，阿爾曼越來越睏乏了。在阿爾曼昏昏欲睡時，一位手拿毛毯和枕頭的服務生不知從哪兒冒了出來，我們還沒來得及開口，服務生就把兩把椅子併在一起，為阿爾曼搭了一張正好夠他躺下的床。這位服務生可真貼心啊！他把阿爾曼的倦容看在眼裡，推測他可能需要在父母吃完晚餐前躺下來休息一會兒。而且，這家酒店早就預料到會發生這種情況，提前準備好了備用的枕頭和毛毯。

想要磨練預見顧客需求的能力，你可以**觀察（或聆聽）顧客與你的同事或員工之間的對話，聽聽對話中出現什麼問題，或差點出了什麼問題，然後問問自己該如何防範類似情況。**留意顧客表現出不耐煩或心煩情緒的蛛絲馬跡，思考一下，你該如何避免這些情況，你的同事應該如何妥善處理顧客的不安情緒。

我建議大家，每年都應該和團隊進行幾次座談，針對顧客未來可能需要的產品或服務進行腦力激盪。一有靈感，團隊成員就自由說出自己的想法，由其他成員記錄在活頁紙或白板上。鼓勵每個人大膽提出想法，不要做任何判斷、批評或評估。完全不加選擇立即實施全部或大部分的點子，儘管不可能，但只要將這些想法悉數留下記錄，並定期重新審視這些點子。一些現在看起來很爛的點子，經過一年半載之後，說不定會變成引爆大創意的源頭。

請記住，預見顧客需求是一門永無止境的學問。顧客的記憶力有限，隨著環境、科技以及社會壓力的改變，他們的需求也在不斷變化。一旦某個需求得到滿足，顧客往往就會萌生新的需求。**他們也許會聲稱自己想要的是馬，但如果你能為他們提供汽車，那麼，顧客也會以生意興隆做為回報。**

| 25 |

不只給承諾，更要掛保證

Don't Just Make Promises, Make Guarantees

顧客希望體會到的是你的關懷，
而一份周密、體貼的保證，正是你看重顧客的佐證。
但如果你只是拿保證當做商業噱頭，
那麼世界上最好的保證也會適得其反。

小時候，媽媽或許教育過我們：「如果做不到，就不要輕易承諾。」就像絕大多數來自媽媽的教誨一樣（參考〈3：向媽媽學管理〉），這也是一個我們在工作和生活中都應遵守的原則。無論你的企業經營哪種產品或服務，你都應該讓每一位顧客輕鬆地對你公司有個大致的了解。你應該做出明確的承諾，透明清楚，好讓顧客和公司員工都能理解。把承諾寫下來，展示在辦公室和企業網站等明顯的地方，讓每個人都能看見。

我們本地的大眾超市（Publix）

就在店內後牆上張貼了一張九十公分寬，一百二十公分長的宣傳海報，每位顧客在結帳時都能一眼瞧見。海報上這樣寫著：

> **大眾超市的保證**
> 我們絕不允許在知情的情況下讓顧客失望。
> 如果沒有贏得您百分之百的滿意，
> 只要您提出要求，我們很樂意立即全額退款。

這樣的承諾再淺顯易懂不過了，承諾的內容也清晰明瞭，店裡的每位員工都明白如何即時而愉快地履行這項承諾。如此清楚的承諾，彰顯企業對自家產品和服務品質負責任的態度，也證明公司有信心持續滿足顧客的需求。這家大眾超市的現任經理史蒂夫·亨格福特（Steve Hungerford）還經常在商品架之間巡視，以便隨時協助顧客，不僅再次驗證超市的承諾，也為他的團隊樹立絕佳的榜樣。

而以下這家珍視（Pearle Vision）眼鏡公司的例子，其承諾則還需要改進：

> 我們希望您滿意您的新眼鏡。因此，我們提供三十天內免費維修或換貨的服務。此擔保不包括意外造成的損毀、刮痕或斷裂。此優惠僅限參與本次活動的分店有效。

請注意聲明中的最後一句。這句話意思是說，任何一家未參與此次活動的珍視分店，都有權不履行承諾。如果是我，我一定會刪掉這句話。我不懂，為什麼這家連鎖店不讓每家分店都遵守相同的承諾？另外，看到倒數第二句話，顧客恐怕心裡也會有些不舒服，話也說得十分模糊。如果顧客自己把眼鏡踩爛或在車道上把眼鏡壓爛了，店家拒絕承擔全額退款，的確無可厚非，但是，與其強調店家不擔保，把焦點放在商家願意擔保的服務上，豈不更恰當些？**一份措辭恰當的保證文字，不僅能讓顧客吃下定心丸，也是一種品牌宣言。**因為這份保證不僅公開宣告企業的主張，也讓大家知道公司承擔責任的底線在哪裡。

優質的服務保證不僅應該讓人一目了然，也應該符合以下幾點要求：

★包含明確的細節資訊：「我們會在六十分鐘內為您安裝好輪胎」要比「我們會盡快為您安裝好輪胎」有力得多。相比之下，「如果我們不能在六十分鐘內為您安裝好輪胎，便不會收取您任何費用」又要比前兩句更好。這種明確的措辭能讓顧客知道可以預期什麼，同時能避免因誤解而產生的糾紛。

★告訴顧客你的聯繫方式，可以讓你的保證更有力。如果是在網站上，那麼網址或電子信箱是什麼？公司的地址是什麼？有電話嗎？要打哪個號碼？如果寫信，要寄到哪個地址？如果想面對面溝通，那地點又在哪裡？

★盡量少提排除條款。就像大眾超市一樣，你的保證應是無條件的。如果保證條款後面列著一大串排除條件，那麼顧客會對你的產品或服務產生反感。

★ 對顧客要有意義。如果顧客大多是行色匆匆的人，自然比較在乎服務效率的承諾。如果大多數的顧客比較在乎產品或服務的奢華感或便利性，你也應該依據顧客所需提出保證。

★ 若無法履行承諾時，應做出什麼賠償，也要講清楚說明白。如果公司沒有讓顧客滿意，能否現金退款或折抵消費？或者能在下次消費時獲贈一份免費的產品或服務？

★ 簡化賠償流程。不要讓顧客為了尋求賠償而經歷層層批准，也不要讓他們費心填寫各種各樣的文件，或打電話與幾十個人苦苦周旋。

說到底，**顧客希望體會到的是你的關懷，而一份周密、體貼的保證，正是你看重顧客的佐證**。如果你只是拿保證當做商業噱頭，只想敷衍了事應付顧客，那麼世界上最好的保證也會適得其反。在《哈佛商業評論》（*Harvard Business Review*）上有一篇名為「無條件服務保證的威力」的文章，內容鞭辟入裡，作者克里斯多福・哈特（Christopher W. L. Hart）寫道：「如果想在保證品質上的付出減至最低，但又奢望用保證博得最大的噱頭，那你必輸無疑。」這篇文章寫於一九八八年，而其中的道理至今仍然適用。

德國有一句格言：「承諾如一輪滿月，如果不能抓住時機，便會一天天消減黯淡。」請大家務必謹記媽媽的建議：如果不能兌現諾言，就不要輕易許諾。

| 26 |

盯好每一個細節

Be Relentless About Details

隨著時間推移，
許多人對細節的注重都有降低的趨勢。
時間、成功以及經驗，都是細節的大敵。

維珍（Virgin Group）公司創始人、英國企業家理查·布蘭森（Richard Branson）曾這樣寫道：**「差強人意的服務與卓越服務之間的唯一區別，就在於對細節的關注。」**這句話用在客戶服務上，真是一針見血。

在關注細節方面，能像快遞業巨頭聯邦快遞（FedEx）一樣一絲不苟的公司，屈指可數。聯邦快遞在兩百二十個國家和地區擁有三十萬名員工，公司每天都要為每一名員工提供送貨路線指示，這些路線精心計算了每個遞送點之間的最短距離，並盡可能安排右轉路線，以節省運送時間和汽油。可見，關注細節不僅能節省大量的時間和金錢，還能為客戶提供更快、更省錢的遞送服務。

在創業初期或剛剛進入職場時，你很可能是對細節一絲不苟的人，把一切事物都規畫得井井有條。現在的你，還保持著當時那樣的狀態嗎？如果答案是否定的，其實你並不是特例。隨著時間推移，許多人對細節的注重都有降低的趨勢。**時間、成功以及經驗，都是細節的大敵**。當你很忙或一帆風順時，對細節有所疏忽是人之常情。**在我們熟悉工作任務以後，便很容易會對經驗抱持理所當然的態度，也就難免陷入見「林」不見「樹」的陷阱了。**

雖然粗心大意是難免的，但有時後果卻很嚴重。如果醫生或護理師開藥時，在劑量上點錯了小數點；如果汽車司機對輪胎上一個鬆動的螺絲視而不見；如果消防人員和安檢人員對車子上故障的方向燈置之不理，那將引發多少怵目驚心的慘劇呀！在大多數的職業和行業中，疏忽一些細節並不會傷及人命，卻會讓你失去顧客的信任，最終造成財務赤字。

要想讓自己和他人不忘注重細節，**列一份檢查清單無疑是非常有效的工具**，這件事看起來雖然簡單，卻可以發揮極大的功用。

阿圖．葛文德（Atul Gawande）是一名外科醫生，同時也是作家及哈佛醫學院（Harvard Medical School）的教授，在其暢銷書《清單革命：不犯錯的祕密武器》（*The Checklist Manifesto*）中指出，你能想像得到的所有微小的失誤和致命的過失，都可以透過清單來避免。數據顯示，在醫院中，利用清單來確保清潔，可大大降低感染率。在航空業中使用檢查清單，不僅提升操作效率，還能降低墜機事故的發生率。葛文德提供充分的佐證，證實無論在建築業、銀行投資業，還是國土安全方面，檢查清單都能有效降低人為因素所導致的失誤。如果檢查清單既能讓醫院降低醫療疏失，還能降低建築工地的工傷率，那麼你的公司一定也可以藉由檢查清單，來提高顧客滿意度。

由於產業、部門、員工職能以及條件情況的不同，清單內容自然也會有所差異。一家普通零售超市的客服清單可能是這樣的：

★把車道、停車場以及進口處打掃得一塵不染、清新宜人。

★團隊所有成員都要有專業形象，並且衣著得體。
★把姓名牌戴正，讓人一目了然。
★適當調整燈光亮度和音樂音量。
★把所有商品擺放整齊。
★把特價商品擺在顯眼位置。
★收銀區域不應有雜物堆積，收銀員務必各就各位。
★把洗手間打掃得乾乾淨淨、沒有異味。
★確保等候區的雜誌是當季的，把雜誌放整齊。
★煮好新鮮咖啡，做好向顧客供應咖啡的準備。
★員工須各就各位，迎接顧客進門。
★把員工入口、休息室以及衣帽間整理得乾淨宜人。
★確保每架電梯整潔而且無故障。
★打開電腦，確保正常運轉。
★檢查印表機的紙張是否足夠。

以下是幾條有關細節的最佳範例，你也可以拿來利用，讓公司的客服品質更上一層樓：

★設置詳細、具體的政策和流程，把內容傳給每位直接或間接接觸顧客的工作人員知道。

★在定時安排休息時間，確保負責例行和重複性工作的人員保持頭腦清醒。

★定期檢查機器、設備和科技產品，確保一切運作順暢。

★培養每一位員工洞察潛在問題的能力，讓他們透過便捷安全的管道發現問題，以便防微杜漸。

★設立開放溝通的企業文化，讓各級員工都很容易與高層進行溝通。

★使用紀錄表來記錄日常操作流程，標記出有問題的細節，立刻做出修正。剛開始，員工或同事也許會覺得太吹毛求疵，但是他們很快就會看懂你在細節上的用心，並開始追隨、模仿。

有人說，魔鬼藏在細節裡。在商場上，忽略細節可能會讓你功虧一簣。如果能緊盯這些具有魔力的細節，所得到的回報將是更棒的客服品質、更好的企業獲利，以及客戶滿滿的感謝。

| 27 |

服務品質始終如一

Be Reliable

「這家公司總體而言還是很不錯的，但是我沒辦法完全信任他們。」
這樣的評價對企業而言，無異於判決了死刑。

誠信可靠能決定一家公司的存亡。如果你無法每次都即時且準確滿足顧客的需求，即使擁有品質一流的產品，也很難實現長期獲利。無論公司做的是哪一行，確保你的顧客感覺安全且確實。顧客都希望他的包裹能夠如期抵達，也希望轉動汽車鑰匙後，汽車能夠正常發動；客人希望送到家裡的披薩總是熱呼呼的，也希望旅館房間在入住時已經被收拾得乾乾淨淨。

誠信可靠關乎企業的聲譽，同時以盈利做為回報。紐約大學史登商學院（New York University's

Stern School of Business）的名譽教授查爾斯・傅伯恩（Charles Fombrun）曾這樣寫過：「企業憑藉其特色及各種認知塑造的實踐過程，逐漸建立聲譽。如果企業能長時間維護聲譽，會在利益關係人之間樹立可靠、可信而負責任的形象。」他還補充道：「提升大眾對企業活動的信心和信任感，可以為企業創造經濟上的價值。」傅伯恩援引了一項調查，在調查中，**誠信可靠被列為關乎企業聲譽的十大因素之一，同時，他還將「保持服務品質始終如一」這一點，納入誠信可靠的定義之中。**

如果以上資訊還不足以說服你，那你可以試著這樣想：假設你家附近的乾洗店在乾洗、熨燙以及去汙方面都做得無懈可擊，價錢也很公道，服務人員不僅記得你的名字，而且每次都面帶笑容歡迎你。但是，你大約每送洗十次衣服，都會出現一次到了原定時間，衣服卻還沒有洗好的情況，就足以讓你考慮更換一家乾洗店了。抑或，如果有一家餐廳有你最愛吃的金槍魚乳酪三明治，服務員總是笑臉迎人，價錢也很低廉，但是偶爾會因為上餐太慢而害你上班遲到，你能持續在這家店消費多久？再比如，你的汽車修理師在查找故障時，目光如福爾摩斯一般犀利，價格也很公道，但他卻偶爾把你的車座弄髒，那你下次修車時會不會想換一家？

許多人都知道，**良好的信譽需要長時間累積，但一不小心就會功虧一簣**。還記得豐田汽車由於不正常加速事件而召回兩百三十萬台車的事情嗎？一夜之間，原本以安全可靠著稱的品牌，卻被使用者視為劣質產品。正如一家報紙標題寫的：「豐田因召回事件而信譽跌至谷底」。雖然召回汽車工程浩大，但是豐田還是贏回了公司誠信可靠的聲譽，不僅終究實至名歸，也挽回了包括我和普莉西亞在內上百萬名車主的信賴。然而，絕大多數企業都發現，一旦被貼上「不可信賴」的標籤，想東山再起又談何容易。如果本來廣受信賴的企業、產品或服務出了問題，顧客會變得警覺。在這種時候，我們大多會求助朋友，詢問「你的襯衫是在哪家店乾洗的？」或者「你認不認識哪個可靠的修車師傅？」

如果希望留住忠實顧客，那麼無論是在日常營運中，還是在面對突發事件時，都要同樣堅決捍衛公司的服務品質。你不會希望外界對公司做出這樣的批評：「這家公司總體而言還是很不錯的，但我沒辦法完全信任他們。」這樣的評價對企業而言，無異於判決了死刑。有時，直到看到財務季報顯示公司獲利開始下滑，你才意識到顧客已經離你而去了。但到了這時候已經無力回天了。反過來說，如果你的公司就是「品質可靠」的代名詞，那麼客戶就算得掏更多的錢、跑更遠的路，也會跑來與你合作。

無論公司的規模有多大，企業聲譽都須靠每位員工誠實可靠的服務一點一滴構建起來。我也才會在本書的前幾堂課特別提醒大家要雇用合適的員工，還強調要提供充足的培訓、不斷對其技能進行更新和升級，而且要在過程中測驗員工，以確保培訓效果。當然，就像〈29：沒有最好，只有更好〉一文所說的一樣。堅持品質始終如一，不代表你和員工不改進服務措施；**始終如一指的不是時時刻刻遵循一成不變的流程，關鍵在於要一如既往地保持高水準服務品質。**

我們應該始終如一地維護服務品質，杜絕任何意外的發生。

| 28 |

用小禮物帶給顧客驚喜

Surprise Them With Something Extra

想要在服務上額外花些心思，方法不計其數。
一旦能抓住顧客的心，
製造一些小小驚喜所用的成本，都是微不足道的，
許多方法甚至不用花公司半毛錢。

我家附近的大眾超市，收銀員總會在結帳時多問一句：「您要的東西都買到了嗎？」幾乎每一次，我們的回答都是「是的」。有一次，普莉西亞告訴收銀員：「你們這裡沒有我經常用的那一款消化餅乾麵粉，我正準備做檸檬派呢！」無奈之下，她只得另選一款麵粉回家。不到一小時，我家門鈴響了。我做夢也沒想到，門口站著一位大眾超市的員工，手中托著一盒普莉西亞最喜歡用的餅乾麵粉。我不知道他是在倉庫裡還是別的超市或是其他什麼地方找到這盒麵粉的，他

為了讓顧客滿意，不辭辛苦專程送貨，讓我們感動不已。

我以前有一位同事，她也有過一次類似經驗。當時，她從福來雞的外賣窗口買了一份三明治套餐，回家之後，卻發現袋子裡沒有裝薯條。她失望地撥電話到店裡，經理為疏忽道歉，並詢問她的地址。那位同事說：「我本以為他們要寄一份薯條免費餐券，誰知半小時後，福來雞的店員拿著滿滿一大袋薯條來到我家門口。我真是受寵若驚！」她補充說：「那次經歷讓我從此成了他們家的常客。」現在，她還會把這個故事分享給公司員工，讓大家明白如何為顧客送出驚喜。

我們都喜歡出乎意料的小驚喜。我相信，你一定還記得在爆米花包裝袋裡找到附贈小禮物的滿足感吧？在平日裡收到一份包裝得漂亮華麗的禮物的喜悅，也一定很難忘吧？還記得在農夫市集買菜時那位人很好的老闆額外送的一顆梅子嗎？你正拿著加油槍為汽車加油時，工作人員主動在一旁幫你擦擋風玻璃也讓你記憶猶新吧？當然，還有那位免費送你一塊餅乾試吃的麵包師。這不僅僅是慷慨之舉；這些人知道，**一旦抓住顧客的心，他們製造這些小小驚喜所用的成本，都是微不足道的**。這種做法差不多在商品交易誕生之初就已經存在了。你知道為什麼英文中的「baker's dozen」一詞代表十三這個數字嗎？這種表達方式其實已有幾百年的歷史了，起源於英國麵包師傅會在賣出十二個麵包時，往裡面多放一個當做贈品。

這不是什麼火箭科學，事實上這只是大腦科學而已。二〇一一年，腦神經科學家為我們的經驗之談提供了科學依據：人類大腦的確強烈渴望由驚喜帶來的興奮感。據說，大腦中有一個伏隔核（nucleus accumbens），即大腦的愉悅中心的區域，當人在出乎意料的情況下受到愉悅感刺激時，此區域的反應強過在正常情況下受到相同愉悅感刺激的反應。美國埃默里大學（Emory University）的葛列格里·伯恩博士（Dr. Gregory Berns）是這項研究的主研究員，他解釋道：「如果你在生日收到一份禮物，自然會感到開心。但是如果在平日收到禮物，你得到的喜悅會更多。」正因如此，如果調酒師出人意料送你一杯啤酒，那麼這杯啤酒一定會比因「買一送一」活動獲贈的啤酒更加可口。

想要在服務上額外花些心思，方法不計其數，許多方法甚至不用花公司半毛錢。你可以在某位顧客身上多花些時間，為他端上一杯咖啡，為其最喜愛的慈善基金會捐一筆款。有一次，我常住的一家酒店總經理送了一瓶我最愛的紅酒。他是怎麼知道我最喜歡這個牌子的呢？原來，他特地打電話到我家，跟普莉西亞打探消息得知。

在撰寫本書的幾個月裡，我幾乎問遍我認識的所有人，請他們分享自己經歷的優質客服經歷。我聽到的每一個故事，幾乎都離不開某家公司用額外的小贈禮為顧客送出驚喜的「劇情」。這些驚喜只是舉手之勞，比如一位零售店的售貨員，在顧客購買一款特殊機型所需的電池後，主動幫顧客把電池裝進機器。但有些驚喜也需要客服人員費一些心，比如，一個獨立書店的老闆，得知書店裡沒有顧客想要送給孩子當聖誕禮物的某本書後，特地打電話給另一家競爭對手書店，請對方為這位顧客留一本書。

還有一位電話客服人員，得知打電話來的顧客因為病重而不得不窩在家裡時，為了減輕顧客的孤寂，特意延長通話的時間。第二天，這位顧客驚喜地收到這家公司寄來的一大束玫瑰和百合花花束，還有一張寫著祝她早日康復的卡片，除此之外，公司還贈送她一份在往後的消費都免運費的升級服務。這家公司就是薩波斯（Zappos，華裔創業家謝家華創立的網路鞋商）。有關這家線上零售商，我聽到的讚美之辭不可勝數，美國《商業週刊》（*Businessweek*）雜誌也曾用「對客服的投入到了近乎瘋狂的程度」來報導這家公司。舉例來說，曾有一位男顧客預訂了一雙鞋，準備在婚禮當伴郎時穿。優比速公司（UPS）送貨時出了差錯，直到這位顧客登上飛往婚禮舉行地的飛機時，這雙鞋子還沒有送到。薩波斯是怎麼解決問題的？他們連夜重新寄了一雙鞋到婚禮地點，不僅由公司承擔運費，還將鞋款全額退還給顧客。

想像一下，你也可以在顧客最意想不到的時候奉上額外的驚喜。顧客將會頻頻光顧你的公司，對別人大加讚揚，而這就是顧客回饋給你的驚喜。

| 29 |

沒有最好，只有更好

Keep Doing It Better

如果你自詡已經攀上頂峰，那麼過不了多久你就會納悶：
「咦？我的顧客都到哪兒去了？」

傳奇棒球投手薩奇．佩吉（Satchel Paige）曾說過：「別往後看，否則你就可能被超越。」這句話用在商界亦不失為金玉良言。如果你過於為從前的成就而沾沾自喜，小心競爭對手很快就會追上你。你今天也許能博得顧客的喜愛，但明天他們還愛你嗎？在你志得意滿、不思進取時，其他公司可能會用更好的服務挖走你的顧客。

一流的公司與頂級運動員、偉大的藝術家以及眼光長遠的投資者，都擁有同樣心態：在進步的路上，絕不止步。如果希望公司能以客服聞名，那麼每一位員工都必須進取不輟，要做得一天比一天好，週週進步、月月進步、年年進步才行。本書每一堂完美服務課談的都是如何做得更好，而且每一堂課也都是永無止境的過程，而非一勞永逸的終點。如果你自詡已經攀上頂峰，那麼過不了多久你就會納悶：「咦？我的顧客都到哪兒去了？」

「更好」並不是目的，而是一場旅程。「更好」永遠是不可觸及的，永遠在前方，因為在服務顧客的路上，永遠都有更好的方式等著你去發掘。你應當任勞任怨，永遠朝更光明的方向前進，而不要向後看。也許今天你已經使盡全力，但明天，或許又會發現一個新想法、一個新流程、一名新人才或一個新的觀點，就這樣，你的標準又被提高了一點點。把你過去的成就封存在過去吧，擺在你眼前的是今天。今天，你可以召集團隊和員工，全心探討一個問題：「**我們如何在明天做得更好？**」

PART

D

真心相待

每位顧客都有各自的渴望，一旦讓他們感受到自己是特別的、受到重視的、被悉心照顧的，客戶便願意用信用與忠誠來回報，為你創造好口碑。

| 30 |

對待顧客如同對待親人

Treat Customers the Way You'd Treat Your Loved Ones

你希望自己的父母在接受服務時受到什麼樣的待遇？這是你和公司每位員工每天都應該捫心自問的問題。

從某種意義上來說，客戶就像家人一樣。沒有他們的忠誠和信任，你的生意必然會充滿坎坷。你希望父母、配偶、兒女或其他摯愛的人得到何種待遇，你就應該以同樣的方式對待客戶。

許多企業都會專門指定一批VIP客戶，這些客戶不僅享受種種優惠，還能享受企業的特別關注。但是在我看來，每位客戶都是VIP。**我所說的VIP，不是一般意義上的「貴賓」（very important person），而是指「個體」（very individual person）。**

你的每一位親人個性迥異，你的每一位客戶也都各有各的需求。如果你已為人父母，就應該能理解父母的心理，希望每一個孩子在成長過程中，都感覺到自己是世界上最重要的人。那麼，為什麼不讓客人也都有這種感覺呢？

你希望自己的父母在接受服務時受到什麼樣的待遇？你希望父母在餐館遇到態度惡劣、動作粗魯的服務生嗎？你希望接待父母的銀行員對問題一問三不知嗎？你希望父母被迫聽著難聽的音樂或惱人的廣告、白費十分鐘傻等電話接通嗎？你希望由對病人不屑一顧的醫生或護士為父母服務嗎？這些是你和公司的每位員工每天都應該捫心自問的問題。或許你覺得顧客甲是個難纏的人，或許你看見顧客乙就七竅生煙，或許你根本不想為顧客丙包裝什麼禮物，只想把禮物直接砸到他身上（我們有時也會被家人氣得火冒三丈、怒不可遏，所以被顧客惹怒也在情理之中）。但無論你對顧客抱有什麼想法，你都必須為他們營造舒服的客戶體驗。這麼做不是出於什麼崇高的氣節，而是為了你的工作和企業的利益。

一次，我和妻子普莉西亞入住南加州博福特（Beaufort）的城市閣樓酒店（Ciry Loft Hotel）。早晨，我到酒店邊上一間小咖啡店喝咖啡。一位笑咪咪的年輕女服務生接待了我，她有一個非常適合她個性的名字——喬伊（Joy）。喬伊問我：「早安，我能為您做點什麼嗎？」我告訴她我想要一塊藍莓瑪芬和一杯咖啡。她接著問道：「需要加熱嗎？」

「加熱什麼？」我問她。

「瑪芬啊！」喬伊回答我：「瑪芬加熱以後更好吃喔！」

絕大多數服務生只會把你的瑪芬塞進袋子，扔到櫃檯上，更別提當時的時間還不到早上六點，許多人都還帶著起床氣呢！鄉村歌手布萊德・派斯里（Brad Paisley）有一首歌《世界》（*The World*），歌中這樣唱道：「在餐廳服務生看來，你只不過是一筆小費罷了。」我對喬伊與眾不同的表現非常好奇，便問她為什麼要主動為我加熱瑪芬。她回答說：「我總是想，如果顧客是我媽媽，她會希望得到什麼樣的待遇？」

真是一語道破天機！如果你能像喬伊這樣思考問題，你的客戶服務就會比別人好上一大截。接下來幾天，我每天都到那家小咖啡店吃早餐，為的就是見到人如其名的喬伊。我敢肯定，別的顧客也一定樂於做那裡的回頭客。

若讓我引述布萊德・派斯里那首歌詞，你不能像銀行員一樣把客戶只看成一個帳號，也不能像美容師那樣把客戶看成長著頭髮的腦袋，你應該讓顧客感受到派斯里向女孩傾訴情意的歌詞——**「你就是我的全世界」**。

從某種意義上來說，本書每一堂服務課都在說明，**你希望自己的親人得到什麼樣的待遇，就應如何對待客戶，為客戶創造一次完美的體驗**。因此，我想特別談談客戶體驗中的兩個特殊點：一個是開始，另一個是結束。讓我明白服務開始和結束的重要性的人，是我的妻子和她媽媽。她們告訴我，在進門和出門時得到優質的服務很能打動人心。**初次見面和離開時留下的印象，主宰著客戶對企業的長期印象**，這一點並不難理解，無論中間過程如何，一句活力充沛的「你好」和一句真心誠意的「再見」，總能讓顧客留下正面的體驗感受。

在我經常往來的美國太陽信託（Sun Turst）銀行的一家分行，員工都深知如何讓客戶在進門和離開時感受到自己受重視。萊拉・強森（Lela Johnson）是這家分行的經理，她以身作則營造整個分行的服務氛圍。每次走進這家銀行，她都會從辦公室走出來向我問好，還不忘詢問我妻子的情況。只要她看到我離開銀行，總會抽出時間來和我道別。這樣熱情的服務雖不能增加我的存款利息，卻讓我對太陽信託銀行的忠誠度與日俱增。

無論你們是經營飯店、小商店或餐飲服務，無論你是律師、金融服務業還是企業高層，我都強烈建議你**在進門處安排一位友善而活潑的員工**。不要讓顧客久等，在現在這個時代，人人都想得到即時的服務。如果你從事的是零售行業，這一做法還能帶來另一個好處。研究顯示，**如果員工能夠與顧客四目相視進行交談，便能大為改善店家失竊問題**。單單這一項所節省的錢，應該就已經足夠支付在入口處安排員工的薪水了。

不要忘了用**邀請顧客再度光臨**的方式來結束服務。無論客戶是否購買了東西，無論他們與你有沒有達成協議、簽下合約，你都應該把他們送到門口，感謝他們光顧。對客戶的光臨表示感謝，並且讓他們知道，你期待他們的下次光顧。

同樣，做為管理者的你，如果希望員工或部屬用對待自家親人的態度來對待客戶，那你就得用對待客戶的方式來對待員工。你可以把這看成客戶服務的一條金科玉律：「**你希望員工如何對待客戶，你就要如何對待員工。**」客戶不會只滿足於優質產品，他們還希望被人重視，渴望得到真誠的人際交流，而這也是你的員工所希望得到的。如果能用這種方法對待員工，員工也會把這份用心傳遞給他們所服務的客戶。

這條淺顯易懂的法則適用於企業中每一位成員，包括從來沒有機會接觸顧客的後勤人員。後勤人員能確保企業正常營運，他們不僅妥善保管公司經營所需的原物料，把這些物資管理得井井有條；他們也保持經營設備一塵不染，協助公司採購原物料，也確保公司的通訊設備暢通無阻並汰舊換新；後勤人員也負責從貨車上卸貨裝貨，妥善擺放貨物在貨架上和儲藏室中。無論人們從事何種行業，這些幕後功臣都很重要。你也可以視他們為戲劇舞臺的幕後人員，要是沒有後勤，演員在舞臺上什麼也做不成。

我把員工對管理者的期望歸納成三個關鍵詞，其英文字首組合起來就是「ARE」，即賞識（appreciation）、認同（recognition）以及鼓勵（encouragement）。ARE就像一種可以無限循環使用卻零成本的燃料。無論你如何利用開採，這種燃料永遠都不會枯竭。你送給員工的ARE越多，員工能夠帶給客戶的ARE也就相對變多。如果你能習慣與員工慷慨分享ARE，你很快就會發現，員工和客戶的滿意度會同時上升。你應該要求每位主管毫不吝惜地與員工分享ARE。如果主管不知道怎麼做，你就教他們；如果教不動，那你就把他們調職，或者乾脆炒他們魷魚。**不會給出ARE的主管，勢必會給公司帶來麻煩。**

在我的職涯初期，我在處理任務時雷厲風行而被視為優秀的主管。然而，我並不知道如何正確對待部屬，這個缺點不僅讓我舉步維艱，還讓我的員工服務品質下降，間接讓客服品質大打折扣。謝天謝地，我終於發現了這個缺點，並且領悟了與員工慷慨分享ARE的重要性。很快的，這股由ARE匯成的清泉便滋養到客戶身上。

如果你能讓員工感覺受到重視，他們就會長出更多自尊和自信，而這些積極的心態，便是高績效的原動力。得不到重視的員工，就好像他們做的工作無關輕重。就像覺得自己沒人愛的人很難去愛別人一樣，這是天性使然。因此，如果你想讓客戶被重視，就從讓員工感覺受重視開始吧。

舉個例子，我曾和妻子普莉西亞與當時的美軍陸軍副參謀長羅伊德．奧斯汀

（Lloyd Austin）上將在五角大廈共進午餐，用餐完畢之後，奧斯汀上將離開座席，走到餐廳服務生面前，感謝他細緻入微的服務。接著，他又走進廚房，對廚師的手藝表示讚賞。如果四星上將都能抽出時間，對於他升官晉級毫無作用的人表示賞識，那你一定也做得到。先找出能讓員工感受到你重視他的方式，然後用這種方式傳達你的關愛。

這不正是你希望自己的媽媽能得到的待遇嗎？

| 31 |

用心聽出顧客沒說出口的話

Listen Up

如果你對顧客的理解有誤，他們多半不會追究；
但如果你對客人蠻不在乎，他們是不會原諒你的。
顧客判斷你是否在乎他們，就是看你是否用心傾聽他們說話。

在萬豪酒店任職時，我的老闆卡爾．柯柏格（Karl Kilburg）曾在我的年度員工績效評估表上寫道，我的「傾聽水準」有待提升。他是這樣說的：「我講話時，你經常不好好聽。」

我馬上起了防衛心，極力為自己辯解。其實，這種做法本身就印證了卡爾的話：我的確聽到了他說的話，卻沒有用心傾聽。我沒有要求他進一步解釋或說明那個評語，而是反射性防衛自己。冷靜下來之後，我想起普莉西亞也曾多次埋怨我不好好聽她說話。當然，她指出問題的方法和語調都和卡爾不同，她通常會說：「李，你有在聽我說話嗎？」顯然，這並不是提問。我意識到，卡爾是對的；我需要多學學傾聽了。

如果客戶覺得你沒有認真聆聽他們說話，客戶不會像普莉西亞或卡爾那麼坦誠告訴你，但等到下次你找客戶做生意時，他們就會以牙還牙，對你的話置若罔聞。因此我建議你，**務必要讓每一位需要與客戶交流的員工都能掌握傾聽的技巧**。最終，我聽從卡爾的建議，報名參加公司人力資源部為員工安排的為期三天的課程。這是我在提升管理和領導技巧上所做的最明智的決定之一，不僅如此，這次課還改善了我的家庭生活。當然，我不是隨時隨地都能達到完美傾聽者的標準。就在不久前，普莉西亞還催我去醫生那兒檢查一下聽力。回家後，我把檢查結果告訴她：「我的聽力沒問題啊！」她聽完後說：「這麼看來，問題比我想得還嚴重啊！」這句話，我可是真真切切聽到了。

其實，無法傾聽他人的話是個壞習慣，每個人或多或少都有這毛病。我們很容易自顧自地滔滔不絕，卻不聆聽別人說話。幸好，習慣是可以改變的，只需要投入一些時間和精力，但是一旦改正了這個毛病，你就能大大提升顧客滿意度了。

就像所有的人一樣，你的客戶自然希望得到他人理解。但從情感上來說，你更應該讓客戶感覺到你渴望理解他們的熱情，讓他們明白你是真心誠意努力掌握他們的所想、所求、所思、所感。如果你對顧客的理解有誤，他們多半不會追究；但如果你對客戶鑾不在乎，他們是不會原諒你的。顧客判斷你是否在乎他們，就是看你是否用心傾聽他們說話。

我家附近有一家人氣很旺的漢堡連鎖店，前不久，我與店裡的年輕服務生發生了一點兒不愉快。我本想訂一份外帶，誰知在撥打了四次電話之後，才終於有人接聽。這種情況已經不是第一次發生了，因此我去店裡取漢堡時，禮貌地把這個問題向一位年輕服務生反應。但這位服務生不但聽不進這個合情合理的抱怨，反而立刻起了防衛之心。他不耐煩地告訴我，餐廳規定，他們要先為來店的顧客服務，然後才去處理打電話訂外賣的顧客，何況那天晚上，店裡的生意真的很忙。他的答覆讓我很惱火，我就給這家店的執行長寫了一封信。沒多久，我接到由區經理打來的電話，他的回答果然印證了我的懷疑：原來，先顧及店內顧客再接電話訂單的做法根本不是公司的規定。為了堵我的嘴，那位員工竟然憑空編造了一個藉口。

很顯然，那位員工並不懂客服為何物。他不僅置之不理我遇到的麻煩，甚至沒有意識到顧客的問題也是他自己的問題。不知道在我與區經理談過話後，那位服務生有沒有受到處分，但如果他當時能夠顧及我的心情、能夠表現出哪怕一丁點的關心，我便不會追究，也不會專程去投訴了。

說來可笑，我們往往會花許多精力提升自己的口才，卻不願培養我們的傾聽能力。在大學，我曾經選修一門演講課。我知道，口才便給是進入職場的有力武器，我還意識到，公開演說是許多人的罩門，如果能甩開這困擾絕大多數人的恐懼，就能凸顯我的優勢。但輪到我在課堂上演講的前一天，我卻因為怯場而退選這門課。想到要在眾目睽睽下演講，我自覺無力招架。而今，演講卻成了我的工作。我是怎樣克服恐懼的呢？這多虧了一位演講老師的金玉良言，以及我不斷演練他傳授給我的演講技巧。

聆聽技巧也同樣重要。培養傾聽能力也有技巧可循，但是真正懂得善用這些技巧的人卻寥寥無幾。根本原因還是我們不夠重視聆聽，再加上大多數人都自以為很懂得傾聽（或起碼表面上假裝在聽）。在紛擾複雜的世界，絕大多數人都不懂得如何傾聽，而且無論怎麼偽裝，到頭來騙的不是別人，而是我們自己。

以下是幾個有關如何練習聆聽技巧的建議：

★找個適當場所。我的意思是，應該和顧客在安靜的地方交談，避開其他干擾。

★全心關注在顧客身上。保持眼神交流，不要插話，不要邊聽邊做其他事，不要在肢體語言上表現出任何不耐煩或分心。

★不要接顧客講到一半的句子，你又不是讀心大師。

★可能的話，寫下筆記。別以為你能憑大腦把顧客所說的話全部記下來。

★讓說話的人把話說完，然後再回答。你甚至還可以在回應前問：「您還有什麼想說的嗎？」

★等顧客說完話後，把對方的話複述或闡述一遍。比如說：「您的意思是說，您從我們這裡買到的攪拌機如果調到某個檔就會故障，雖然距離購買時間已經超過三十天，但是您還是希望我們能為您換一台新機器。」你也許無法記下顧客所說的每個細節，尤其是顧客情緒正激動或要講的內容太多時，但如果你能複述一次，就能清晰抓住他想表達的重點了。

★清楚顧客所講的話之後，你可以追問一些問題，並加深理解。

★自始至終都要讓顧客有受到重視和被理解的感覺。

★看在上帝的分上，如果有顧客向你投訴，就先道歉吧！一句抱歉，或許是向顧客表示你在乎的最好方法了。（詳見〈38：誠心誠意地道歉〉）。

但是，只做到這些還是不夠的。想要精通聆聽技巧，你不僅要注意聽對方說的話，還要去聽他們的弦外之音，以及他們想要表達卻無奈詞窮的心理。想要達到這種境界，你必須像雷射光束一樣集中專注。有的顧客雖然對你的產品或服務的某些方面有所不滿，卻不知如何表達；有的顧客自己也搞不清楚到底要什麼；有些顧客雖然知道自己要什麼，卻不知該如何用語言表達；還有些顧客，因為不好意思而選擇保持緘默（比如，一些需要技術人員幫助的顧客覺得自己對科技一竅不通是件丟臉的事；再如，一些病人患有隱疾，不好意思向別人啟齒）。無論原因為何，細心的聆聽者能察覺到顧客到底在掩飾什麼，還是找不到合適的語言表達。我發現，**面**

對這種顧客，最好的方法就是先提問，然後再注意傾聽對方的回答。

旁敲側擊時，你需要拿出最高等級的人際關係相處技巧——禮貌、耐心以及溫和的態度。問問顧客還有沒有別的話要說，好讓你能加深了解，並為他們提供更好的服務。讓顧客知道，你是真心誠意想要聽取他的想法，請他們不要擔心自己的問題微不足道，也不要怕自己的問題太幼稚。**你需要為顧客營造安心的環境，好讓他們表露心聲**。如果你能讓顧客感覺自在，再問他們適當的問題，那麼無論顧客是在表達對產品、服務的不滿，還是為企業提出建設性的建議，或者要求得到合理的補償，你都能夠清楚掌握他們的需求。

史蒂芬．柯維（Stephen Covey）在暢銷書《與成功有約：高效能人士的七個習慣》（*The 7 Habits of Highly Effective People*）中提到了「知彼知己[6]」這個原則。他指出，**通常，受到理解的顧客比較可能再次光顧，而感覺不被理解的顧客，則會另尋更懂得聆聽的店家，不再回頭。**

---

6 譯註：指先理解別人，然後再尋求別人理解自己。

| 32 |

在顧客面前，永遠扮演奉獻者

Always Be the Giving One

「我們二十四小時營業」、「我們提供免費送貨服務」，
但其實，這些都只是服務專案，
並未真正碰觸到服務的真諦。

在本書前言中我曾提到，十二歲的孫女瑪格告訴我，客服的首要原則是「對人好一點」。事後，我告訴大家在書中引用瑪格的話，瑪戈十歲大的弟弟特里斯坦（Tristan）也嚷嚷著要我把他寫進書裡。我告訴他：「那你最好也說一句精闢的話。對你來說，客服意味什麼呢？」

他脫口而出答道：「在服務他人的時候，你應該永遠都是奉獻的一方。」

為什麼孩子們能輕輕鬆鬆、一眼就看穿許多成年人都不得要領

的問題？在特里斯坦看來，為人奉獻是值得推崇的事，因為他本人就能從幫助他人中得到滿足感。如果你讓特里斯坦幫忙做點事，他的臉龐馬上就會綻放出愉悅的光芒。有時，無須提出要求，特里斯坦也會主動幫助你。特里斯坦的一位老師曾經告訴兒媳弗萊麗（Valerie），有次，特里斯坦看到老師抱著一堆教具準備往汽車上放，就跑去問她需不需要幫忙。在這個人人以自我為中心的世界，如果我們遇到的每位客服人員都能像特里斯坦那樣熱心，那該有多好！

如果你問幾位主管或執行長「什麼是客服？」，他們多半會對公司所提供的服務和設施高談濶論：「我們二十四小時營業」、「我們提供免費送貨到家服務」、「如果顧客要求，我們可以提供皮革座椅」。其實，這些都只是服務專案，並沒有真正碰觸服務的真諦。**奉獻自己的時間、精力以及關懷，卻不求得到等值回報，這才是服務**。在我看來，商場上的服務專案有很多，但我們更需要的，是來自於樂於奉獻者的真誠服務。

幾年前，普莉西亞病重，險些喪命。在那段期間，我真正見識了真心誠意、助人為樂的人。多虧奧蘭多醫療中心的護士和醫護人員，特別是執刀醫師保羅·威廉森博士（Dr. Paul Williamson），普莉西亞才得以康復。威廉森博士被譽為奧蘭多最高明的結腸手術醫師，這項殊榮所指的不僅僅是開刀技術。我們曾遇到威廉森博士治療過的一些病人，有的病人甚至以他的名字為孩子命名，感謝他在重病危難之中對病人無私奉獻。我們第一次認識時，威廉森對普莉西亞說了一席話，讓我永生難忘。當時的普莉西亞憂心如焚，因為前一次手術不僅沒有成功，反而加重了病情。威廉森博士卻看著她的雙眼，告訴她：「普莉西亞，你一定會沒事的。你是我最喜歡治療的那種病人了。」

有時，做為奉獻者，你只需要給予所服務的人信心和安撫就足夠了，這也正是威廉森博士所做的。我們離開醫院時，心中因為找到可以信賴的人而充滿感激。無論是否涉及生死大事，這種安心感都是每位客戶希望得到的。

普莉西亞在這家醫院待了六十四天，之後又在家裡休養了數月。她最終康復後，我雖然欣喜，卻難掩心力交瘁之感。在此之前，我在人生的六十四年中，從未在抑鬱中度過，但當時，這種抑鬱卻如千斤重擔般在身上。幸好，我找到了另一位奉獻者，是技術和同理心兼具的心理學博士羅德瑞克．亨德利（Dr. Roderick

Hundley）。他不到一個小時就診斷出我的病症，開了藥，安排了治療方案，還把家裡的電話、手機號碼以及電子信箱通通告訴我，告訴我一天二十四小時隨時都可以找他。不僅如此，他也給了我希望和關懷，為我急需安撫的心靈帶來了慰藉，他告訴我：一切都會好起來的。

你如何為顧客奉獻出與這兩個故事同樣優質的服務？企業員工又該怎麼做呢？別忘了，**如果你希望員工能在顧客面前成為奉獻者，你就得先在員工面前做一個奉獻者。**

我知道，像特里斯坦建議的那樣毫無私心地奉獻自己，絕非易事。在普莉西亞漫長的康復過程中，我承擔起全職看護的責任。在康復期的大部分時間，她必須有人協助才能下床，她不能自己洗澡、梳頭，連上廁所都要有人幫忙。那段時間，我出門的時間絕不會超過十五分鐘，我知道她非常需要幫助，希望在她需要時，自己就陪在她身邊。我必須承認：這的確很難，每分每秒都扮演奉獻者，的確是很大的考驗。普莉西亞不算是非常聽話的病人，而我在護理工作上也絕非完美到位。但是說實話，照顧病中的她帶給我的滿足感，是我一輩子負責的任何一項任務都比不上的。我終於體悟到那句至理名言中隱含的真諦：「施比受更有福」，總是要先為他人著想，再考慮自己。經過這次事件，我和普莉西亞的感情更堅定，同時意識到我們之間的愛情比我們所想的還要深厚，不得不說這是個意外收穫。

不要只聽我的一家之言，也不要只聽信哲學家和聖賢對「無私奉獻」的觀點。實際上，這堂課是有憑有據的。一些研究證實，從事服務工作（比如為有需要的人提供協助）的人，要比別人更加健康、快樂和長壽。還有研究指出，服務他人有助於改善情緒、提升生活滿意度、紓解壓力以及增強免疫力。有一份大規模研究專案的報告指出，參加志工活動的人比一般人更長壽，並且較少得到憂鬱症和心臟病。

我知道各位讀者在想什麼：照料生病的配偶、在醫院或收容所當志工，這些事情與做生意有關嗎？在職場上，大家只要把分內工作做好，然後等著領薪水就行了。這的確無可厚非。但是，你仍然可以選擇另一種工作方式，用**利他**的心態為顧客奉獻時間、精力和關懷。

我知道，為客戶服務的過程有時的確很考驗人。有的顧客一進門就滿腹牢騷，有的顧客自我中心、不可理喻，有的顧客甚至出口傷人。請把這些都視為一次次為顧客奉獻的機會吧，即便你能給的只是讓他們情緒好轉的笑容、一句滿足他們虛榮心的讚美，或一個能安撫他們的有用提示。如果顧客在離開店裡時，對你和公司留下好印象，他就很可能選擇再次光顧。不僅如此，你對自己和公司的看法也會有所改觀。你明白自己奉獻了什麼，知道自己盡心盡力為顧客提供超一流的服務，這才是最好的回報。除此之外，公司的業績也會因此攀升。

我曾和許多在醫院、學校、政府等單位工作的個人和團體交流，這些人的職務說明書上都有「無私待人」這一條項目。比如說，在二〇一一年，我曾赴伊拉克（Iraq）為美國軍方和國務院官員進行十三場領導力講座，隔年又去美國海軍海豹突擊隊位於加州的軍事基地做了一場演講。我可以毫不猶豫告訴大家：成千上萬的軍官、護士、教師、非營利性組織成員以及各種機構的志工，全都甘願無私奉獻自己的力量。而你，同樣可以在企業中扮演奉獻者的角色，我敢向你保證：奉獻的感覺棒極了！

33

把每位顧客都當熟客對待

Treat Every Customer Like a Regular

你應該不遺餘力地，讓上門的熟客感覺自己像家人般被對待，
讓新顧客感覺自己像熟客般被招呼。

位於奧蘭多的「酒中雞」（Le Coq au Vin）是我和普莉西亞最喜歡的餐廳，餐廳老闆叫珊蒂（Sandy）。每當我和普莉西亞光臨這家餐廳，珊蒂用擁抱來迎接我們，告訴我們她很開心能見到我們，話中的真摯不帶半點兒虛情假意。和友人一起用餐時，珊蒂對我朋友的熱情也絲毫不打折扣，還會親自把我們帶到最喜歡的桌位。珊蒂的丈夫叫雷蒙德（Reimund），是餐廳的主廚，有時他會過來跟我們問好，推薦當晚的特別菜色，有時送來我們鍾愛的酒。餐廳的菜肴

讓人垂涎欲滴，但僅憑美食不足以讓我們一而再，再而三地上門，餐廳提供的特別服務才是。

不用說，就像「酒中雞」餐廳為我和普莉西亞提供的服務一樣，**抓住每次機會為老顧客提供越來越棒的消費體驗，是好服務的重要面向。還有一點不容忽視，那就是用對待貴賓的方式來對待第一次上門的新顧客。**說實話，我和普莉西亞之所以成為這家餐廳的老主顧，就是因為在第一次光顧時就受到特別的待遇。第一次進店用餐，珊蒂就能叫出我們的名字；打電話預約時，珊蒂竟然還記得我們上次來此用餐時坐的位置，特地為我們保留下來，讓我們又驚又喜。

不要以為只有高檔餐廳才會做出這樣的客服。最近，一位友人跟我分享他在住家附近一家咖啡館的故事。排隊在他前面的幾個人拿不定主意要點什麼，耽誤了很長一段時間，讓我的朋友漸感不耐。突然，他看到櫃檯後面的女服務生向他招手，他走上前，女服務生端出一杯他常點的大杯低咖啡因卡布奇諾。我朋友大吃一驚，他本來以為店裡沒有誰會記住他的長相，更別說他常點的飲品了。他告訴我，以後還會常去那家咖啡店。

每位顧客都希望自己能夠得到特別對待，成功的商家會為每一位上門的顧客製造這種特殊體驗。不久前，我對手機不大滿意，在冷風中走到韋里遜無線手機通訊行（Verizon Wireless retail），想看看有沒有其他選擇。接待我的女員工名叫安琪拉·派克（Angela Pak），她態度積極、專業專注，所以我至今仍記得她的名字。安琪拉為我介紹一款合適的機型，耐心地等我做決定。雖然終止原有的套餐合約讓我損失了幾百美元，但我還是更換了手機服務，這全都多虧了安琪拉的服務。最重要的是，她先準確了解我對手機的需求，然後很快地幫我找到一款合適的手機。

大家可能想不到，理解客戶的特定需求，然後針對他們的需求提供特定的服務，這件事其實並不難。你可以從顧客的穿著、口音、肢體語言、語調、手中拿著的雜誌等線索，對顧客的背景有大致了解。或者，你也可以透過對話中的隻字片語，聽聽顧客是不是第一次上門，或者其中一個人是否想吃份甜點或喝杯飲料。在你的細膩觀察下，你能發現顧客隱藏在外表背後的情緒，顧客是否已經等得不耐煩或在趕時間？如果是，那就加把勁，提高服務速度。顧客是否有些焦慮不安？那就花些時間安撫一下吧。顧客有些悶悶不樂？你可以送他一份小贈品，也可以為他講個笑話來活絡氣氛。顧客的這些負面情緒或許並不是你或公司造成的，但是如果能多關注一下顧客的情緒，說不定就能找到服務的突破口，探察出每一個顧客心中想要的服務。

簡單來說，你應該不遺餘力地，讓上門的熟客感覺自己像家人般被對待，讓新顧客感覺自己像熟客般被招呼。還記得電視劇《歡樂酒店》（*Cheers*）的主題曲嗎？「每個人都知道你的名字，每個人都對你笑臉相迎」，這樣的酒店誰不樂意上門呢？請讓每位顧客都感受到你歡迎他們，因為無論怎麼說，在客服上，「熟悉與親切」絕不會讓顧客有被輕視的感覺，反而會讓他們一來再來。

| 34 |

最重要的是眼前的顧客

Serve to WIN: What's Important Now

滿足顧客情感上的需求，
是服務的每一個當下，最需要關注的首要工作，
除此之外，一切都是次要的。

在服務當下最重要的事，莫過於讓顧客感覺被伺候得很好。顧客所需、所想以及他們的顧慮，通通是當下最重要而需要關注的。如果有顧客在櫃檯等待，你就不應該去清理空出來的桌子，或是去收拾留在更衣室的襯衫，你應該放下手中正在打的電話，停止和同事閒聊，關掉YouTube上小孩和小動物的影片。我看過許多員工都犯了上述種種錯誤，這些都是一家公司缺乏服務倫理，或者對客服工作紙上談兵、光說不練的表徵。

多年來，我既是管理者，同

時也是消費者。總結長期的個人經驗，我可以告訴大家，**沒有比對顧客置之不理更糟糕的事了**。尤其你若是為了與工作無關的理由而讓顧客等待，即使只是幾秒鐘時間，顧客也會難以忍受。你應該時時刻刻把注意力放在顧客身上。當然，如果你的工作是在賣場、銀行或者其他需要直接面對顧客的場所，有時你會因為分身乏術而不得不讓對方稍待片刻。有時，顧客會在你正為別人提供服務時插進來，這也是不可避免的情況。即使這樣，你仍然應該想想什麼才是你現在最需要關注的？毋庸贅言，你眼前正在招呼的顧客應該被排在首位。你仍然可以讓其他顧客知道你已經注意到他們了。你可以點頭致意，可以揮手示意，可以用眼神進行簡短的交流，可以愉快招呼一聲「我馬上過來，您先隨意逛逛」。

是的，就是這麼簡單。人們都希望得到別人的關注，如果你對顧客視而不見，那麼他要不轉身就走，要不就心情不悅，等到你終於騰出時間來接待對方時，一切都太遲了。

你或許認為，打掃空出來的餐桌，收拾留在更衣室的衣服，都是你的本職工作，甚至是你應該遵守的工作流程。但是，和遵循職務說明書的要求，去完成一項工作或某筆交易相比，關注眼下最重要的事，擁有更深刻的意義。情感因素是客戶服務的精髓，正如商業顧問兼作家史蒂芬．丹寧（Stephen Denning）所說：「這不是一筆交易，而是一個增進感情的過程。」

不久前，我在機場與大約一百五十名旅客一起準備登機。起飛時間漸漸臨近，而我們卻遲遲沒有接到登機通知，心裡不免犯嘀咕。我們一邊漫無目的閒逛，一邊焦急琢磨著到底出了什麼狀況，希望有人能給個解釋。櫃檯後的工作人員一直透過電話協調，盡量躲避乘客的目光。很顯然，她確實是在做自己的本職工作，但她卻沒有優先著眼於當下最需要關注的問題。她正在打的電話固然重要，但焦躁不安的乘客也不容忽視。如果她能暫停一下，為大家發布簡短的通知，或是抬起頭來與幾個乘客交流一下眼神，已經能大大安撫我們，但她並沒有這麼做。女職員放下電話後，盛怒的旅客把她團團圍住，有的旅客甚至表示，以後再也不會搭乘這家公司的航班了。

有時，無法一眼看出當下最需要關注的問題，考驗著人們的判斷力和直覺，有人天生具備這樣的眼力。如果你是管理者，應該雇用這樣的人才。即使團隊成員不是每個人都具備這種直覺，你一定要讓每個人都明白，**滿足顧客的情感需求，是服務的每一個當下，最重要的首要工作，除此之外，一切都是次要的。**

| 35 |

分辨「需求」與「渴望」

Know the Difference Between Deeds and Wants

需求是可見的、實際的；
渴望則是微妙的，而且往往是感情面的。

顧客上門來找他需要、或是他自認有需求的東西：有的人需要襯衫、餐點或者智慧型手機，有的人需要修理屋頂、開立支票帳戶，或一次奢華的旅行。這些需求是促使顧客上門的原因。然而，如果你想讓對方成為對你讚譽有加的回頭客，僅僅滿足顧客的表面需求是遠遠不夠的，你還得提供他們真正渴望的東西。

表面上看來，顧客上門的需求大同小異，但這不表示每位顧客真的都需要相同的東西。一些基本需求是人人都離不開的，比如食物、休閒、衣服、交通工具、健康保險等。然而正因為顧客各有不同的渴望，我們才有了漢堡速食店和有機食品超市、傳統成衣店和高檔百貨公司、露營帳篷和豪華遊艇，以及運動休旅車或油電混合動力車等等應運而生。

說到客服，不同顧客渴望得到的東西也不盡相同。有些顧客想得到快速高效的服務，有些顧客更注重便利性，有些顧客則覺得經濟實惠才是重點。對某些顧客而言，人與人之間的互動才是他最在乎的事，他們希望別人能以熱情、友善和尊敬之心相待。**洞察並滿足每一種顧客最急切的渴望，會讓你贏得越來越多的回購生意和顧客忠誠度。**

我偶爾會到沃爾瑪超市購物，吸引我的並不是「天天低價」的優惠，而是有家分店不僅離我家很近，而且全天營業，結帳速度也很快。在那家沃爾瑪超市購物，能節省我不少時間，而節省時間恰恰是我所想要的。如果能夠速戰速決，即便「天天高價」，我也毫無怨言。

我們還可以這樣來區別：產品和服務滿足的是人們的需求，而人們渴望的則是獲取產品和服務的方式。**「需求」是可見的、實際的；「渴望」則是微妙的，而且**

往往是感情面的。健康保險是一種「需求」，而低額保費、專家諮詢以及快速理賠則屬於人們「渴望」的。汽車維修屬於「需求」範疇，而誠實守信、對問題的明確說明以及維修過程快速可靠，則是人們所「渴望」的。你的「需求」是一杯咖啡，但「渴望」得到的則是香醇口感以及快速且令人愉悅的服務。手機業務屬於「需求」，而穩定的訊號、專業的技術支援以及毫不費力地訂購、輕鬆取消月租服務等，才是人們的「渴望」。

有位女士曾經告訴我一個故事，說明了洞察顧客的渴望是多麼重要。這位女士在數家濟貧院工作了整整十年，卻不幸被解雇了。身心俱疲、阮囊羞澀的她急需找個地方修剪頭髮，找到一家美髮店。她告訴我：「店裡的美髮師呵護備至為我洗頭，讓我覺得為我服務的彷彿是上帝之手。一個與我素昧平生的人，居然能用如此讓人舒服的力道和態度為我服務，在我工作的十年間，我就是用這樣的雙手和心靈為瀕死的病人和家屬服務的。修剪頭髮雖然是我的需求，但我真正想要的，卻是一絲慰藉和關懷。那位年輕的女美髮師洞察到我的渴望，我永遠也忘不了她。現在，我整理頭髮只會上那家店。她完全知道「需要」與「渴求」之間的差別。」

或許從表面看來，準確判斷顧客的渴望好像很簡單，但實際上比想像要難上許多。在迪士尼任職時，我們總是信心滿滿認為，前來主題樂園和度假酒店的顧客所渴望的只是精彩的表演、刺激的娛樂設施以及開心的體驗罷了。之後，我們與蓋洛普諮詢公司合作，調查六千名在近期光臨樂園的遊客，詢問他們：「來到迪士尼世界，您期待得到什麼？」結果指出，遊客的渴望雖然與我們的預測很接近，但是我們認為遊客「渴望」得到的東西，在他們看來已成為理所當然，而遊客們真正渴望的，是以下四項：

★ 讓我們感覺很特別
★ 把我們當做獨一無二的個體來對待
★ 尊重我們
★ 精通專業

這件事讓我明白，顧客的渴望往往需要我們往深處挖掘。我還領悟到，**如果你**

不想只滿足顧客的需求，而是想要滿足顧客的渴望，就應該探尋他們的真正想法。透過我提到的問卷調查方式，可以對顧客群的渴望有一個整體掌握，你也可以隨便找個時機問問大家，看看他們到底希望從你的公司得到什麼。調查對象可以不侷限於顧客，也可以包括朋友、鄰居甚至素不相識的陌生人。

除此，想要挖掘出「每位」顧客各自的需求，就沒那麼容易了，因為每位顧客都會依據自己重視的因素做出不同選擇。面對面與顧客接觸時，你應當努力去了解每位顧客獨特的個性。在這個問題上，用心傾聽很重要。（詳見〈31：用心聽出顧客沒說出口的話〉）在顧客的言談之間，用詞、語調甚至表情和手勢，往往會透露出情感和思緒的蛛絲馬跡。什麼狀況會讓顧客心生疑慮？什麼狀況會讓他激動起來？什麼時候會讓他顯得無精打采？什麼事會讓他不耐煩？這些跡象往往不易察覺，也讓人難以理解。正因如此，潛心聆聽更是關鍵。舉例來說，一個迷惑的表情或許說明了顧客希望你能提供更多資訊，或提出更清楚的說明。如果顧客迷惑地盯著你，這可能意味著「我完全搞不懂你在說些什麼，但是我希望聽下去」，或者「這個人說的是不是廢話呀？」有時，顧客沒說出口的話勝過千言萬語。如果原本健談好問的顧客突然沉默寡言，這通常說明，顧客對你已經失去興趣，最好加把勁，挖掘出顧客真正想要的東西。

你也需要**注意顧客肢體語言的細微變化**。他們何時會皺眉？何時兩眼發光？何時顯得坐立不安？何時雙手抱胸、表現出防衛的樣子？這個姿勢也許是顧客用肢體語言告訴你：「我不能認同你說的話」，或者「我可不能讓這個人騙了」。有時，顧客的外貌儀表也能透露一些資訊：顧客身穿名貴服飾，表示他或許不太在意價格高低，更重視品質和自我形象；如果顧客身穿休閒舊衣服，暗示這位顧客可能更重視產品耐用性，對潮流款式不以為意。這些例子也許能夠幫助你洞察顧客的所思所想，但是在實際狀況中，一體適用的法則是很少見的。**想要讀懂人心，經驗才是最可靠的老師**。

潛心傾聽能幫助你準確掌握顧客的所想所求，我再舉個例子。一位女士的電腦出了毛病，便打電話給技術支援中心。接電話的客服代表想透過幾個簡單的步驟，引導這位女士初步診斷電腦的問題，但這位女士卻聽起來顯得暈頭轉向，客服員只得把步驟重複說了一次又一次。客服員並沒有因此不耐煩，而是細心傾聽對方的談話。他發現，女士的聲音時斷時續，聽起來不但被搞得顛三倒四，甚至已經十分混亂了。客服員溫和而耐心地問對方，是不是出了什麼問題。這一問，女士打開了心門，開始傾訴心事。她說，還在讀大學的兒子剛在一場意外中喪生。在悲傷的籠罩下，電腦軟體的問題顯得尤為棘手，因為這種問題平時都是由兒子幫她處理的。這位女士的確需要找人修理電腦，但她真正渴望的，是找到發洩悲傷的出口。客服人員理解她的心情，便耐心傾聽她講述兒子的事。不出所料，最後這家公司贏得這位女士的忠誠，她續訂這家公司的服務合約，不僅增加公司業績，也讓喪子的媽媽得到心靈慰藉。

在這裡，我要強調的重點是：或許你的產品品質很好，足以讓全世界的消費者都慕名購買。但是，**如果你只停留在滿足顧客的需求，無疑是把上門的顧客拱手送給競爭對手。你需要做的，是往深處挖掘，找出連顧客自己都不知道的渴望。**

36

絕不輕易說「不」

Never Say No – Except "No Problem"

沒有人喜歡聽到「不」這個字；
「不」可以激起千百種消極的情緒和反應。

我有一位朋友因公出差，飛機原定三點四十分起飛，他提前一個小時來到機場，恰好碰到了老闆。原來老闆也要去相同的地方出差，但是搭乘的班機要比我朋友的班機更早些。我朋友到登機服務台問工作人員，飛機是不是已經滿載了。

工作人員回答他：「大約是半滿。」

我的朋友說：「太好啦！如果有空位，能不能讓我也上去？」

「不行。」

我的朋友極力請求，對方都無動於衷。他得到的答案還是

「不」，沒有商量餘地。

沒有人喜歡聽到「不」這個字；「不」可以激起千百種消極的情緒和反應，甚至有研究指出，連父母都應該少在孩子身上用這個字。因為，「不」字會讓被禁止做的事顯得更有誘惑力，孩子日後反而更可能做下錯事。成年顧客與孩子之間並沒有什麼區別。聽到「不」字時，他們的大腦便會轉為防禦模式，會堅定他們的決心，更想把你的「不」轉化為「是」。

「不」是摧毀希望的字眼，帶有不願意嘗試的情緒。如果二話不說就拿「不」做為回答，那無異於是在說，你想要偷懶，不願意為顧客的滿意付出努力。我在〈19：一次疏忽就可能失去所有客戶〉中提到的某航空公司的故事，工作人員就是這樣一次次用「不」來搪塞我。我的孫子朱利安目睹整件事情經過，他說西南航空和那家航空公司的區別就在於：「西南航空公司說了『是』。」

記得南西·雷根（Nancy Reagan）在一九八〇年代發起的「對毒品說『不』」運動嗎？說「不」這一招並沒有打贏反毒品之戰，所以也不適合用來博得顧客的青睞。你應該反其道而行說：絕不說「不」！或者，把「不」字用在「沒有問題，不用擔心」裡，豈不是更高明？一句「不用擔心」，意思是「我理解您的問題了，讓我看看能幫您做些什麼」，或是「不用擔心，我得把您的問題上報給主管，一小時之內回您電話可以嗎？」

即使碰到無法滿足顧客需求的情況，也要盡量避免使用「不」這個字眼。用不同的方式來表述回答，不要把顧客的希望完全掐滅：「讓我想想辦法，明天打電話給您行嗎？」然後立刻著手滿足顧客的需求，或者另尋一種合理的解決方法，並務必要在承諾的時限之前答覆他。你的回答或許依然是否定的，但是不要把「不」字說出口。相反的，**你要把焦點轉到能為顧客做的事情上，為談話定下積極的基調。**你可以說：「我可以送您商店的購物券，但是很抱歉，我們無法退款。」或者說：「我們很樂意為您維修，但是我沒有得到上級的批准，所以沒辦法幫您換新的。」顧客或許會感到失望，但是仍然感謝你真誠付出，也可能繼續在你公司消費。

簡而言之，不到萬不得已的時候，絕對不要說「不」。如果沒有用盡一切辦法來，你就不應該拿「不」搪塞顧客。**真到了非說不可的時候，這個「不」字也應該由經理、主管或企業的老闆來說。**

如果你覺得顧客的要求太過得寸進尺，讓你不僅想用「不」回絕，還想稱呼他為瘋子，這時你該怎麼辦？當然是忍下來（詳見〈18：絕不要與顧客起爭執〉）。深吸一口氣，笑一笑，然後請顧客給你些時間，讓你再檢視一下問題。即便你心裡清楚，這位顧客的要求簡直是癡人說夢，你也要這樣做。告訴顧客你何時會聯繫他，然後在時限之內回覆。經過一段時間冷靜，大多數人都會通情達理得多，如果你能讓對方看到你付出的努力，他們就更能理解你了。

任職於迪士尼時，我接到過一個年輕顧客的電話，他大吵大嚷、怒不可遏。原來，在我們一家主題樂園的表演過程中，一位工作人員禁止他的女朋友拍照。我向他解釋相關規定：相機的閃光燈會對表演者的安全構成危害，也會打擾到別的遊客。但那位顧客卻堅持說，工作人員對他們很無禮，這件事情讓他們遊興全失，他要求公司賠償包括迪士尼世界度假區的免費遊覽，外加從紐約到度假區的飛機票，一樣也不能少。

我們絕不可能滿足這位顧客的需求。即便如此，我還是告訴這位投機的顧客說，我會好好調查此事，過幾天會打電話回覆。等到我回他電話時，他已經冷靜下來，我告訴他，我無法完全滿足他的要求，請他想想看還有沒有其他方法能為他們做一些補償。最後，我們達成協議，下次他打算來迪士尼樂園玩時，可以打我的工作電話通知我，我可以為他和女朋友安排一些特別的遊玩項目。請注意，在整個對話過程中，我一個「不」字也沒有使用。

做為管理者，不僅可以針對顧客使用這項策略，也可以如此處理員工的需求。比如說，你剛剛公布當週的值班表，誰知卻有人說週六不能來上班了。如果直接說「不行」，或許能省去不少麻煩。但是從長遠來看，如果這名員工因為不滿你的答覆而在工作上得過且過，或是因此想跳槽到管理更有彈性的公司，抑或用你對待他的態度來對待顧客的話，這個「不」字的代價可就太大了。因此，你應該告訴這位員工：「給我一天的時間處理這個問題，我試試看能不能找人代替你。」**這句話的關鍵字是「試試看」**，如果你真的做了嘗試，即便最終拒絕員工要求，他還是會把你的付出看在眼裡，感到自己受到尊重。

在檢查本書的最終定稿時，我親身經歷了一次「永不說『不』」的一流服務。當時，我和普莉西亞恰好在旅行途中，住在伊斯坦堡（Istanbul）一家擁有十六間客房、名為西芭麗（Kybele）的旅館。一天傍晚，普莉西亞問大堂服務生亞薩爾・斯坦卡亞（Yasar Cetinkaya）有沒有餅乾？我們沒看到餅乾，餐點菜單上也沒有寫。亞薩爾不但沒有給出否定的回答，反而問我們：「需要加糖嗎？」普莉西亞回答：「要加糖。」亞薩爾便微笑著走開。幾分鐘後，他有些上氣不接下氣地端著一盤巧克力餅乾回來。普莉西亞覺得他可能是跑到旅館外面特地去買的，便問他是不是這樣。亞薩爾坦言道，這盤餅乾的確是他跑到另一家旅館拿來的。結果是普莉西亞吃到了美味的巧克力餅乾，亞薩爾拿到一筆不菲的小費，我得到了一個好故事，西芭麗旅館在此書中得到我的大力推薦。

最重要的一點是，**在絕大多數情況下，相對於不假思索地用「不」搪塞過去，努力尋找解決方法永遠是上策**。在我的人生字典裡，「不」這個字帶有消極不快的涵義。但是，「不用擔心」在我聽來卻如同天籟，相信你的顧客也會有同感。

| 37 |

有原則，更要有「彈性」

Be Flexible

你是怎麼看待「恕不退貨」這樣的標示？
這一標示告訴我，這家公司不願投入時間和精力來傾聽顧客的意見。
其實可以選擇其他的途徑來提醒顧客，
而不是用僵化的政策疏遠顧客。

聽到「零容忍」這個詞，我常會忍不住皺起眉頭。人們多以此為理由，開除攜帶塑膠餐刀來學校的孩子，或逮捕偷竊食物的流浪漢。在我看來，人們應該把這個用語改成「零彈性」，而在客服中零彈性，與教育和法律中的不知變通一樣危害甚鉅。彈性是要你開放自己的思想，接受新的想法和不同的觀點，讓你隨著環境的變遷而適應，也讓你**透過一點點變通來換取顧客滿意**。

承認事實吧！沒有人是完美的，錯誤總是會出現，時空一定會變遷，新的資訊也必然會出現。如果你不能靈活修正策略和流程，就會輸給應變能力更強的競爭者。有洞見的管理者不僅思想開放，更喜歡汲取新鮮的靈感。他們不僅能適應環境，還很喜歡不斷探索如何加速和改進做事情的方法。有人曾對偉大的領導者做出這樣的定義：**他們堅守不變的原則，其中最重要的原則就是時時刻刻靈活變通。**

你是怎麼看待「恕不退貨」這樣的標示？我只要一看到這樣的標示，就一定會換別的商家。這一標示告訴我，這家公司不僅固執己見，而且不願投入時間和精力來傾聽顧客的意見。商家或許認為有充足理由實施這樣的規定；或許商家在之前的經營中，因退還政策而蒙受了損失。但在我看來，以上理由都不成立。這家企業完全可以選擇其他的途徑來提醒顧客，而不是用僵化的政策疏遠顧客。

消費者面對五花八門的選擇，只要能想得到，幾乎沒有什麼需求是滿足不了的。眼光獨到的管理者很清楚，產品必須要跟上這種變幻莫測的市場。正因如此，保險公司才會大肆宣傳靈活政策，零售商才會大力推廣靈活的支付方式。還記得漢堡王（Burger King）的「我選我味」的廣告宣傳活動嗎？這句標語一停用，漢堡王的銷量就呈現下滑趨勢，箇中緣由再清楚不過了。結論與顧客的回應不謀而合：給我們選擇的自由，我們就買你的帳；如果你收回消費者的選擇權，那我們只好拍屁股走人了。在重新調整策略之後，漢堡王便再度找回了氣勢。

誠然，對顧客實施「零彈性」政策往往能省下不少力氣。但如果你只認死板板的原則道理，那也就不必花那麼多精力去傾聽顧客的投訴了，也不用考慮顧客的意見，更不必費心做決策或是運用想像力去處理特殊事件了。這樣的態度無法造就顧客對你的信賴感和忠誠度。想贏得顧客的心，你必須**學會用彈性的態度，把每位顧客和每個事件當做獨立個體，用心一一靈活處理。**

某種程度上來說，靈活變通算得上是人的一種性格特質。先天基因或所受的教育讓某些人偏向保守、古板、跟不上環境變化，而另一些人則生來具有開放的心態和較強的適應力，也熱衷嘗試新事物。這兩種性格各有優點，如果太過極端，總會遇到麻煩。有時，固守傳統和標準的做事流程是明智之舉，用懷疑的眼光小心對待變化也有可取之處。但是，如果總是墨守成規、獨斷獨行，那麼機會便擦身而過。顧客不喜歡與不通情理的頑固分子打交道。美國大學籃球界有史以來最具聲望的教練約翰·伍登（John Wooden）曾說過：「**為了取得特殊的結果或情勢需要時，高效率的領導者會允許破例。**」

不只一家企業曾因為僵化的政策而失去我這樣的顧客。我曾經在一家辦公用品店更換印表機，卻發現這台機器與我之前購買的機器使用的墨水匣不是同一種型號，便打電話詢問我能不能退掉沒用過的墨水匣。工作人員告訴我「沒問題」，可是等我人到了店裡，店員卻告訴我只能退給我購物券或禮品卡，不能退還現金，也不能把錢退到信用卡上。為什麼？因為這是他們公司的政策。為什麼要制定這樣的政策？前臺服務人員也一問三不知。我要強調的就是這個問題：這家公司總部目光如豆的工作人員，把服務人員牢牢拴在僵化的策略上，即便會讓公司損失顧客，他們也照本宣科執行下去。這些管理者連不能退款的原因都沒有告訴店員，實在有失周全。

中國有一句古語，領導者要盡力向竹子學習：強韌、穩固、深深扎根於泥土之中，但在風中仍能夠左右搖晃而不彎折。無論是不是領導者，你都應該將一流的客服奉為堅定不移的使命。要達成這一使命，就是要像竹子一樣靈活應變。

| 38 |

誠心誠意地道歉

Apologize Like You Really Mean It

只是機械化地使用空洞的用詞，或是受壓力所迫才不得不道歉，
顧客是感覺得出來的。
務必把你真正的情感傳達給顧客。

「對不起。」你有沒有注意到，只要有人把這句簡短的話語說出口，一切事情都會出現轉機？正如「請」和「謝謝」一樣，這句話的威力幾乎可以用不可思議來形容。所以，請把這句話放進你的客服用語之中吧！

如果你犯了錯，自然要對顧客說聲「對不起」。但是，單單有這句話還不夠，你道歉的方法和這些充滿魔力的字眼具有同樣的重要性。真摯道歉不是遵循一定的公式模仿來的，就算靠電腦程式設計也做不到。**真心誠意道歉更像是一門**

藝術，而非一門科學。那麼接下來，讓我們看幾條誠摯道歉的建議吧：

★把發生的事情具體說出來，不要含糊地道歉。讓不滿的一方明白你知道他們生氣的原因，這一點是很重要的。因此，請細心地做好事前調查，確保你的道歉是有針對性的。找出相關的資訊，把造成顧客不悅的事件說出來。

★擔負起應負的責任。客觀思考個人或部屬對這次失誤需要承擔怎樣的責任，然後承認錯誤。

★巧妙抓準時機。有時，道歉越及時越好；有時，緩一下再道歉也許才是上策。舉例來說，如果你需要花一定時間來調查問題始末，那麼等些時間再道歉是比較可取的。有時，如果顧客正在氣頭上，那應該給顧客一、兩個小時或一、兩天的時間消消氣，好讓他能平心靜氣地聽取你的意見。

★選擇適當的管道來傳達訊息。道歉的場所和方式也是不容輕忽的因素。有時，如果對象是長期往來的大客戶，那麼應該在晚餐或午餐席間道歉（當然，帳單要由你來付）。如果雙方的關係沒有這麼密切，那麼打一通電話、手寫一封信或一張卡片、發一封電子郵件或是一條簡訊或許就夠了。選擇道歉管道時，主要應該考慮到雙方關係有多長久、有多穩固，當然也要考慮損失的嚴重程度。

★道歉要簡潔有力，不要含糊其詞。不要找藉口，不要費心辯解，要開門見山地道歉。

★向顧客保證下不為例。你或許無法保證將來都不會犯任何錯誤，但是你可以承諾採取相關的行動，不遺餘力地避免在相同的問題上犯兩次錯誤。

★主動做出補償。試著用購物券、禮品券、免運、免費升級會員等方式來減輕顧客的損失。

★真誠。沒有什麼比這一點更重要了。如果你只是機械化使用空洞的用詞，或是受壓力所迫才不得不道歉，顧客是感覺得出來的。務必把你真正的情感傳達給顧客。如果不是真心想要道歉，如果你認為不值得專程道歉，或者錯誤應該由顧客承擔時，應該怎麼辦？如果這樣，你就得拿出高超演技了。我之所以這麼說，是因為如果顧客想要誠懇的道歉，那麼讓顧客相信你的歉意就是你的工作。一位喜劇演員曾經說過：「真摯的情感是最重要的因素。如果連真摯的情感都能演出來，那就前途無慮了。」好吧，你大可不必修煉到這麼高的境界，但是如果能設身處地為顧客著想，體恤造成顧客不滿的理由，那麼誠懇和謙虛的致歉就不會如你想像中的那麼難了。

還記得艾爾頓·強（Elton John）的那首《難說道歉》（*Sorry Seems to Be the Hardest Word*）嗎？**如果你也有難以啟齒的感覺，那麼我只能奉勸你：接受吧！一句誠摯的「對不起」只是一筆微小的投資，卻會讓你得到豐厚的回報。**

| 39 |

努力過頭會顯得虛情假意

Don't Try Too Hard

如果你的顧客不得不強忍衝著你大叫
「走開！」或「別煩我們！」的衝動，
就說明你努力過頭了。

看到這樣的標題，你也許會禁不住思忖：不要努力過頭？這本書不都是在講如何更努力服務顧客嗎？沒錯，這確實是本書的主要內容，你也應該這麼做。但是，標題中的關鍵字在於「過頭」。努力固然重要，但如果努力過了頭，那就適得其反了。這就像撫養孩子，如果你事事都為孩子做，那麼你收到的效果有時還不如對孩子不聞不問呢！

如果你本想一個人隨便轉轉，卻偏偏遇到總在你身邊繞來繞去、不停問你是否需要幫忙的店員，你心裡會做何感想？如果在餐廳遇到每隔五分鐘就跑過來問你對餐點是否滿意的服務生，你會不會心煩？這種情況其實很常見。前不久我看到一幅漫畫，上面畫的是一對夫妻在家裡，妻子一面拿著電話，一面告訴丈夫：「是我們今晚去吃飯的餐廳服務生打來的，他問我們對一切是否還滿意。」在這裡，我要提醒你：如果顧客不得不強忍衝著你大叫「走開！」或「別煩我們！」的衝動，就說明你努力過頭了。

很不幸，現在如雨後春筍般出現的社群媒體，為公司提供更多容易做過頭的工具來騷擾顧客。不知你是否和我一樣，很討厭曾上門消費過的企業，邀請我上網對他們的臉書粉絲專頁按讚，也不喜歡一天寄六封電子郵件給我，無非是提醒我該公司的最新動態、最新產品，還有特價活動等。如果公司的政策有巨大變動或有新店開業，抑或為了宣傳大型清倉拍賣的消息，偶爾發一封郵件給顧客無可厚非。但每天都用郵件「轟炸」顧客，可就有些努力過頭了。

十之八九，努力過頭都會適得其反。**過於熱情和殷勤不僅惹人厭煩，更會讓你看起來有虛情假意之嫌。顧客會萌生被利用的感覺，也會產生防備之心。**或許你本來並沒有什麼企圖，但是人人都討厭虛偽的人，這是不可否認的事實。你只需說幾句話，絕大多數人都能識破偽裝，有的人甚至不等你開口就能把你看穿。沒有誰喜歡時常被人騷擾，如果顧客明顯想要靜靜獨享一段購物時光，或只是想和同伴清閒地享用一頓晚餐，那麼你的殷勤問候只會讓他們離你而去。

在此，我要提醒諸位，服務人員無法每次都準確地洞察顧客是否需要無微不至的照顧，因為絕大多數顧客都很有禮貌，即便受到服務人員打擾，也會笑著忍耐過去。在從事餐飲服務工作時，我總結出一個普遍適用的原則：如果顧客談興正酣，就不要打擾；如果顧客還沒嘗幾口飯菜，你就不要去問他們對菜色是否滿意。**在零售業中，最好讓顧客自己決定何時需要服務**。方法很簡單，只要讓服務生在顧客進店時囑咐一句「有需要時請叫我」就行了。

但這不代表你可以不必注意顧客。雖然顧客很少因為你努力過頭而抱怨，但你若不聞不問，他們卻一定會表現出不滿。因此，你應該訓練員工，讓他們時時刻刻都要顧及顧客，以便在顧客需要時立即採取行動。判斷顧客是否需要幫助並不難，在需要幫助時，顧客會暫停談話或放下手中的食物，把目光從飯桌上移開；抑或他們會從貨架旁往後退幾步，四處張望。我把這叫作**「尋求說明的長脖子」**信號。

顧客希望得到幫助時，總會伸長脖子左顧右盼。英語中的「信號」一詞之所以叫「heads-up」（即抬頭），也就是指顧客希望得到服務時他們會抬頭示意。

結論是，只要你的服務品質夠優秀，你就不必努力過頭。請相信我，如果你能遵循本書的三十九堂完美服務課，同時也盡力讓企業中的每一位成員都按照這些課堂的原則工作，那麼，就像你會出於天性用愛照顧孩子一樣，為顧客奉上真心誠意的優質服務，也是自然而然的了。

致謝

首先要感謝我的家人：普莉西亞、丹尼爾（Daniel）、弗萊麗、朱利安、瑪格，還有特里斯坦。

感謝菲爾・戈德柏（Phil Goldberg），多虧有你，我的書才得以付梓。

謝謝蘭登書屋（Random House）的傑出編輯塔利亞・柯洛恩（Talia Krohn），你是最棒的！同樣也謝謝蘭登書屋的羅傑・紹爾（Roger Scholl），謝謝你鼓勵我寫成了這本書。

感謝林恩・富蘭克林（Lynn Franklin），你既是一位出色的經紀人，也是一位貼心的朋友。

感謝希爾頓酒店、萬豪酒店以及迪士尼公司的良師，是你們教我學會了這些完美服務。

感謝全世界每一位真正懂得客服奧義並無私奉獻的人，特別是我們的一線客服人員。

特別要再提到我的三個孫子：瑪格、朱利安，以及特里斯坦。不要忘了我們的家規，也不要忘了「說到做到」！

完美服務的39堂課

（本書為改版書，初版書名為《每個人都是服務專家》）

作者	李・科克雷爾（Lee Cockerell）
譯者	靳婷婷
商周集團執行長	郭奕伶
視覺顧問	陳栩椿
商業周刊出版部	
總編輯	余幸娟
責任編輯	盧珮如
封面設計	萬勝安
版型設計	邱介惠
出版發行	城邦文化事業股份有限公司-商業周刊
地址	104台北市中山區民生東路二段141號4樓 電話：(02) 2505-6789　傳真：(02) 2503-6399
讀者服務專線	(02)2510-8888
商周集團網站服務信箱	mailbox@bwnet.com.tw
劃撥帳號	50003033
戶名	英屬蓋曼群島商家庭傳媒股份有限公司城邦分公司
網站	www.businessweekly.com.tw
香港發行所	城邦（香港）出版集團有限公司 香港灣仔駱克道193號東超商業中心1樓 電話：(852) 25086231　傳真：(852) 25789337 E-mail： hkcite@biznetvigator.com
製版印刷	中原造像股份有限公司
總經銷	聯合發行股份有限公司　電話：(02) 2917-8022
二版 1 刷	2020年2月
二版 4 刷	2023年1月
定價	360元
ISBN	978-986-7778-93-2（平裝）

國家圖書館出版品預行編目資料

完美服務的39堂課：前迪士尼副總裁教你打造優質團隊、體貼服務人才，超乎顧客期待 / 李.科克雷爾(Lee Cockerell)著；靳婷婷譯. -- 二版. -- 臺北市：城邦商業周刊, 2020.02
面；　公分
譯自：The customer rules : the 39 essential rules for delivering sensational service
ISBN 978-986-7778-93-2(平裝)
1.顧客服務 2.顧客關係管理

496.5　　108020641